上海市工程建设规范

优秀历史建筑抗震鉴定与加固标准

Standard for seismic appraisal and strengthening of heritage buildings

DG/TJ 08—2403—2022
J 16776—2023

主编单位：同济大学
批准部门：上海市住房和城乡建设管理委员会
施行日期：2023 年 3 月 1 日

同济大学出版社

2023 上海

图书在版编目(CIP)数据

优秀历史建筑抗震鉴定与加固标准 / 同济大学主编
. —上海：同济大学出版社，2023.3
ISBN 978-7-5765-0805-5

Ⅰ.①优… Ⅱ.①同… Ⅲ.①古建筑－建筑结构－抗
震结构－鉴定－标准－上海 ②古建筑－建筑结构－抗震结
构－加固－标准－上海 Ⅳ.①TU352.1-65

中国国家版本馆 CIP 数据核字(2023)第 042492 号

优秀历史建筑抗震鉴定与加固标准
同济大学　主编

责任编辑　朱　勇
助理编辑　王映晓
责任校对　徐春莲
封面设计　陈益平

出版发行　同济大学出版社　　www.tongjipress.com.cn
　　　　　(地址：上海市四平路 1239 号　邮编：200092　电话：021－65985622)
经　　销　全国各地新华书店
印　　刷　浦江求真印务有限公司
开　　本　889mm×1194mm　1/32
印　　张　2.875
字　　数　77 000
版　　次　2023 年 3 月第 1 版
印　　次　2023 年 3 月第 1 次印刷
书　　号　ISBN 978-7-5765-0805-5
定　　价　30.00 元

上海市住房和城乡建设管理委员会文件

沪建标定〔2022〕563 号

上海市住房和城乡建设管理委员会关于
批准《优秀历史建筑抗震鉴定与加固标准》
为上海市工程建设规范的通知

各有关单位：

　　由同济大学主编的《优秀历史建筑抗震鉴定与加固标准》，经我委审核，现批准为上海市工程建设规范，统一编号为 DG/TJ 08—2403—2022，自 2023 年 3 月 1 日起实施。

　　本标准由上海市住房和城乡建设管理委员会负责管理，同济大学负责解释。

上海市住房和城乡建设管理委员会

2022 年 10 月 25 日

前　言

　　根据上海市住房和城乡建设管理委员会《关于印发〈2014 年上海市工程建设规范、建筑标准设计编制计划〉的通知》（沪建交〔2013〕1260 号）的要求，由同济大学及上海市历史建筑保护事务中心等单位组成编制组，经广泛调查研究，认真总结实践经验，参考有关国内外先进标准，并在广泛征求意见的基础上，编制了本标准。

　　本标准的主要内容有：总则；术语和符号；基本规定；场地、地基与基础；混凝土结构；砌体结构；钢结构；木结构；重点保护部位。

　　各单位及相关人员在执行本标准过程中，如有意见和建议，请反馈至上海市房屋管理局（地址：上海市世博村路 300 号；邮编：200125），同济大学土木工程学院建筑工程系（地址：上海市四平路 1239 号；邮编：200092；E-mail：xiaobins@tongji.edu.cn），上海市建筑建材业市场管理总站（地址：上海市小木桥路 683 号；邮编：200032；E-mail：shgcbz@163.com），以供修订时参考。

　　主　编　单　位：同济大学
　　参　编　单　位：上海市历史建筑保护事务中心
　　　　　　　　　　上海建科集团股份有限公司
　　　　　　　　　　上海市房地产科学研究院
　　　　　　　　　　上海大学
　　　　　　　　　　上海理工大学
　　　　　　　　　　上海同瑞土木工程技术有限公司
　　　　　　　　　　上海同丰工程咨询有限公司
　　　　　　　　　　上海宝冶房屋质量检测研究院

上海建工四建集团有限公司

主要起草人：顾祥林　张伟平　宋晓滨　李宜宏　蒋利学
　　　　　　陈　洋　欧阳煜　赵为民　李向民　傅　勤
　　　　　　商登峰　陈小杰　郑士举　李　翔　陈　涛
　　　　　　彭　斌　林　峰　余倩倩　黄庆华　印小晶
　　　　　　姜　超　龚治国　谷志旺　王　立　陈海斌
　　　　　　代红超　曾严红　窦晓静　王　璐
主要审查人：沈　恭　李亚明　蔡乐刚　顾陆忠　郭子雄
　　　　　　黎红兵　王卓琳

上海市建筑建材业市场管理总站

目 次

Contents

1 总　则

1.0.1　为了规范本市优秀历史建筑的抗震鉴定与加固,减轻地震破坏,更好地保护优秀历史建筑的历史、科学和艺术价值,制定本标准。

1.0.2　本标准适用于本市优秀历史建筑的抗震鉴定、加固和常态化检测。其他具有保护价值的历史建筑,在技术条件相同的情况下也可按本标准执行。

1.0.3　优秀历史建筑的抗震鉴定与加固,除应符合本标准外,尚应符合国家、行业和本市现行有关标准的规定。

2 术语和符号

2.1 术 语

2.1.1 优秀历史建筑 heritage building

由上海市人民政府批准确定并公布的历史建筑。

2.1.2 优秀历史建筑保护类别 protection classification of heritage buildings

《上海市历史风貌区和优秀历史建筑保护条例》中根据建筑的历史、科学和艺术价值以及完好程度进行的分类。

2.1.3 重点保护部位 key protected part

建筑物中能突出体现该建筑历史、科学和艺术价值的部位，含建筑立面、结构体系、平面布局、重要事件和重要人物遗留的痕迹、独特的传统工艺以及有特色的内部装饰等部位。重点保护部位由主管部门确定或确认。

2.1.4 鉴定周期 appraisal period

在此期限内，优秀历史建筑经抗震鉴定加固后，在正常使用和维护条件下一般不需重新鉴定加固就能按预期目的使用和完成预定的功能。

2.1.5 常态化检测 routinary inspection

在鉴定周期内对优秀历史建筑进行的定期常规检测，以确定其结构性能是否发生退化。

2.1.6 抗震鉴定 seismic appraisal

通过对优秀历史建筑的现状检测，按规定的鉴定周期和抗震设防要求，对其在地震作用下的安全性进行评估。

2.1.7 综合抗震能力 comprehensive seismic capacity

建筑结构综合考虑其构造和承载力等因素所具有的抵抗地震作用的能力。

2.1.8 抗倒塌评估 assessment of collapse resistance

通过弹塑性变形验算或倒塌过程分析,对优秀历史建筑抗地震倒塌能力进行评估。

2.1.9 抗震措施 seismic measure

非计算确定的抗震要求,包括抗震构造措施。

2.1.10 抗震加固 seismic strengthening

保证优秀历史建筑达到抗震鉴定要求所进行的加固设计及施工。

2.2 符 号

2.2.1 作用和作用效应

N——对应于重力荷载代表值的轴向压力;

V_e——楼层的弹性地震剪力;

S——结构构件地震基本组合的作用效应验算值;

p_0——基础底面实际平均压力。

2.2.2 材料性能和抗力

M_y——既有构件抗弯承载力;

V_y——既有构件或楼层抗剪承载力;

R——结构构件承载力验算值;

f_k——材料强度标准值。

2.2.3 几何参数

A_s——实有钢筋截面面积;

A_w——抗震墙截面面积;

A_b——楼层建筑平面面积;

B——房屋宽度;

L——抗震墙之间楼板长度、抗震墙间距、结构长度；

b——构件截面宽度；

h——构件截面高度；

l——构件长度、屋架跨度；

t——抗震墙厚度。

2.2.4 计算系数

β——综合抗震承载力指数；

γ_{RE}——承载力抗震调整系数；

γ'_{RE}——地基承载力抗震综合调整系数；

γ——重点保护部位受损程度系数；

ξ_y——楼层屈服强度系数；

ξ_0——砌体房屋抗震墙的基准面积率；

ψ_1——结构构造的体系影响系数；

ψ_2——结构构造的局部影响系数。

3 基本规定

3.1 一般规定

3.1.1 优秀历史建筑在抗震鉴定时,应首先按现行上海市工程建设规范《既有建筑物结构检测与评定标准》DG/TJ 08—804 等相关标准进行检测与评定。

3.1.2 优秀历史建筑抗震鉴定应根据其保护类别,按下列要求确定鉴定周期:

1 保护类别为一类时,其鉴定周期为 15 年。

2 保护类别为二类时,其鉴定周期为 20 年。

3 保护类别为三类时,其鉴定周期为 25 年。

4 保护类别为四类时,其鉴定周期为 30 年。

3.1.3 优秀历史建筑抗震鉴定分三级进行,各级鉴定应符合下列要求:

1 第一级鉴定进行抗震措施评估,第二级鉴定根据鉴定周期进行抗震承载力验算,第三级鉴定按照鉴定周期 30 年进行抗倒塌评估。

2 符合第一级鉴定要求时,可评为满足抗震鉴定要求;不符合第一级鉴定要求时,应进行第二级鉴定。

3 符合第二级鉴定要求时,可评为满足抗震鉴定要求;不符合第二级鉴定要求时,应进行抗震加固;因保护要求而无法进行加固施工时,应进行第三级鉴定。

4 符合第三级鉴定要求时,可暂不作抗震加固;不符合第三级鉴定要求时,应采取专项技术措施。

3.1.4 优秀历史建筑在鉴定周期内应根据本标准附录 C 的要求

定期进行常态化检测。对鉴定周期为 15 年、20 年、25 年和 30 年的优秀历史建筑,其常态化检测周期应分别不大于 6 年、8 年、10 年和 12 年。常态化检测发现结构性能发生明显退化时,应立即进行抗震鉴定。

3.1.5 优秀历史建筑在抗震鉴定的同时,应对重点保护部位的损伤情况进行评估,并给出明确的处理意见。

3.2 抗震鉴定

3.2.1 优秀历史建筑的抗震鉴定应包括下列内容:

1 搜集及调查历史建筑的相关资料,包括历史沿革、保护要求及重点保护部位、工程地质情况、修缮改造情况、设计图纸及设计计算书、施工记录、质检验收文件和竣工图等原始资料,找出对抗震不利的因素。当资料不全时,应根据鉴定的要求进行补充检测。

2 根据各类优秀历史建筑的保护要求、房屋原始资料和现场检测与评定结果、结构特点、结构布置、构造和抗震承载力等因素,采用逐级鉴定的方法进行抗震鉴定。

3 对于混合结构优秀历史建筑,应根据不同形式结构的受力特点,考虑不同结构之间的协同工作,进行综合分析。

4 对不符合抗震鉴定要求的优秀历史建筑,可根据其不符合要求的程度、部位、对结构整体抗震性能影响的大小,以及有关非抗震缺陷等实际情况,结合保护及使用要求,通过价值评估及技术经济比较,提出相应的维修、加固方案和处理意见。

3.2.2 优秀历史建筑的抗震鉴定按场地、地基与基础、主体结构以及重点保护部位等四个部分进行。

3.2.3 优秀历史建筑的地基与基础、主体结构的第一级鉴定应以宏观判断和构造鉴定为主进行综合评价,且应重点关注结构整体性,包括:结构布置应合理并形成完整的结构体系;原结构构件之间、加建结构与原结构之间节点连接方式应合理、可靠,无松动、变形及损伤;支撑布置应能可靠传递各种侧向作用,形成完整的支撑系统。

3.2.4 优秀历史建筑的地基与基础、主体结构的第二级鉴定应按本标准各章的具体方法进行多遇地震下的抗震承载力验算。

3.2.5 优秀历史建筑主体结构的第三级鉴定应按本标准各章的具体方法进行罕遇地震下的抗倒塌评估。

3.2.6 对于有斜交抗侧力构件的结构,进行第二级鉴定时,应在各抗侧力构件方向分别进行抗震承载力验算。其他情况,至少在结构的两个主轴方向分别进行抗震承载力验算。

3.2.7 当本标准未给出多遇地震下的抗震承载力验算具体方法时,可按现行上海市工程建设规范《建筑抗震设计标准》DGJ 08—9 规定的方法执行,按下式进行结构构件抗震承载力验算:

$$S \leqslant \psi_1 \psi_2 R / (\gamma_R \gamma_{RE}) \qquad (3.2.7)$$

式中:S——结构构件地震基本组合的作用效应验算值。计算时,根据鉴定周期不同,地震作用和楼(屋)面活荷载以及基本风压和基本雪压按表 3.2.7-1~表 3.2.7-4 选用;地震作用分项系数和组合值系数按现行上海市工程建设规范《建筑抗震设计标准》DGJ 08—9 的规定采用;地震作用效应(内力)不进行调整。

ψ_1——反映结构构造整体影响的体系影响系数,按本标准各章规定确定。

ψ_2——反映结构构造局部影响的局部影响系数,按本标准各章规定确定。

R——结构构件承载力验算值。按现行上海市工程建设规范《建筑抗震设计标准》DGJ 08—9 的相关方法计算;其中,结构材料强度取标准值,按现行上海市工程建设规范《既有建筑物结构检测与评定标准》

DG/TJ 08—804 的相关规定,根据实际情况确定。

γ_R——结构的抗力分项系数。按现行上海市工程建设规范《既有建筑物结构检测与评定标准》DG/TJ 08—804 的相关规定取值。

γ_{RE}——承载力抗震调整系数。按现行上海市工程建设规范《建筑抗震设计标准》DGJ 08—9 的相关规定取值。

表 3.2.7-1　水平地震影响系数的最大值

鉴定周期 T(年)	15	20	25	30
多遇地震	0.046	0.055	0.061	0.066
罕遇地震	0.278	0.324	0.352	0.380

表 3.2.7-2　地震加速度时程曲线的最大值(cm/s^2)

鉴定周期 T(年)	15	20	25	30
多遇地震	20	24	27	29
罕遇地震	123	143	155	168

表 3.2.7-3　楼(屋)面活荷载标准值的修正系数

鉴定周期 T(年)	15	20	25	30
修正系数	0.88	0.91	0.93	0.95

表 3.2.7-4　上海地区基本风压和基本雪压(kN/m^2)

鉴定周期 T(年)	15	20	25	30
基本风压	0.430	0.460	0.480	0.500
基本雪压	0.123	0.145	0.159	0.172

3.2.8　优秀历史建筑的抗震承载力验算宜考虑次要构件和非结构构件的作用;当存在影响结构安全的损伤和变形时,应按现行上海市工程建设规范《既有建筑物结构检测与评定标准》DG/TJ 08—804 的相关规定,考虑损伤和变形对结构的影响。

3.2.9　优秀历史建筑弹塑性变形验算可采用时程分析法或推覆分

析法,弹塑性时程分析的地震加速度时程曲线最大值应按本标准表3.2.7-2取值,推覆分析的水平地震影响系数最大值应按本标准表3.2.7-1取值。

3.2.10 优秀历史建筑倒塌过程分析的地震加速度时程曲线最大值应按本标准表3.2.7-2取值。

3.3 抗震加固

3.3.1 优秀历史建筑的结构抗震加固应在满足建筑保护要求的前提下,使其整体抗震性能满足本标准要求。

3.3.2 优秀历史建筑抗震加固设计和施工应以抗震鉴定结论为依据,按加固方案设计、专家评审、加固施工图设计、施工图审查、施工组织设计、加固施工和加固后评估等顺序进行。

3.3.3 优秀历史建筑抗震加固设计应符合下列原则:

    1 优先采取限制荷载、限制使用等措施,减少不必要的加固。

    2 优先采用可逆或对原结构体系干扰较小的方法,提高结构的整体性、抗震承载力与抗倒塌能力。

    3 重点保护部位的抗震加固应按优秀历史建筑修缮原真性原则、最小干预原则和可逆性原则进行,不得破坏重点保护部位。

3.3.4 优秀历史建筑抗震加固设计时,地震作用和抗震承载力验算应符合下列规定:

    1 应根据加固后的荷载、地震作用和实际受力状况确定结构的计算简图。

    2 加固设计时,地震作用和楼(屋)面活荷载、基本风压和基本雪压根据鉴定周期,按本标准表3.2.7-1~表3.2.7-4选用。

    3 结构构件承载力验算时,应计入实际荷载偏心、结构构件变形等造成的附加内力,并应计入加固后的实际受力程度、新增部分的应变滞后和新旧部分协同工作对承载力的影响。

4 当考虑构造影响进行结构抗震承载力验算时,体系影响系数和局部影响系数应根据结构加固后的状态取值,并应防止加固后出现新的层间抗震承载力突变的楼层。

5 抗震加固使结构荷载明显增大时,还应对被加固的相关结构及建筑物地基基础进行验算。

3.3.5 优秀历史建筑的加固设计应与施工方法紧密结合,采取有效措施保证加固部分、新增构件与原结构连接可靠、协同工作;新增的抗震墙、柱等竖向构件应有可靠的基础。

3.3.6 加固施工过程中,若发现原结构或相关工程隐蔽部位的结构构造有严重缺陷,应会同使用单位、检测鉴定单位和抗震加固设计单位采取有效措施进行处理后,方能继续施工。

3.3.7 对于可能出现倾斜、失稳、开裂或倒塌等不安全因素的优秀历史建筑,在加固施工前,应预先采取可靠措施以防止发生安全事故。

3.3.8 加固所用的砌体块材、砂浆和混凝土的强度等级,钢筋、钢材的性能指标,应符合现行上海市工程建设规范《建筑抗震设计标准》DGJ 08—9 的有关规定。其他各种加固材料和胶粘剂的性能指标应符合国家和上海市现行相关标准的要求。

3.3.9 加固设计、施工时,应充分考虑加固材料和原有材料间的相容性,不得因为加固材料的不当使用,对原结构造成损伤。

3.3.10 结构加固所采用的方法和材料宜满足其相应鉴定周期的要求。对使用胶粘方法或掺有聚合物加固的结构、构件,应定期检查其工作状态;检查的时间间隔应满足相关标准要求。

3.3.11 未经技术鉴定或设计许可,不得改变加固后结构的用途和使用环境。

4 场地、地基与基础

4.1 一般规定

4.1.1 优秀历史建筑场地、地基与基础的抗震鉴定,应先通过现状检测判断有无严重静载缺陷,再进行抗震鉴定。鉴定时,尚应考虑周边环境、水文地质条件以及结构加层或改造的影响。

4.1.2 抗震鉴定时,除远郊低丘陵地区少数基岩露头或浅埋处,以及湖沼平原区浅部有硬土层分布区外,均应按现行上海市工程建设规范《建筑抗震设计标准》DGJ 08—9 所划分的Ⅳ类场地执行。

4.1.3 在岸边、古河道及暗埋的塘、浜、沟等不稳定场地,采用浅埋基础的优秀历史建筑,应进行专门的抗震鉴定或加固研究。

4.1.4 当地质勘查资料缺失或不全时,抗震鉴定应符合下列规定:

    1 宜根据地基、基础沉降观测资料或其不均匀沉降引起上部结构反应的检查、检测结果进行评判。

    2 必要时,可适当补充勘探点,查明土层分布情况、土的物理力学性质和水文地质条件;当场地条件不适宜补充勘查时,可参考相邻工程的地质勘查资料。

    3 必要时,可通过在基础下或在基础的近侧进行载荷试验以确定地基的承载力。

4.1.5 对地基基础进行鉴定时,宜重点检查基础与承重砖墙连接处的斜向阶梯形裂缝、水平裂缝和竖向裂缝,基础与柱根部连接处的水平裂缝,结构倾斜,地基滑坡和土体变形开裂情况等。

4.1.6 优秀历史建筑在结构刚度好、沉降变形稳定、地基与基础能有效共同工作的情况下,抗震鉴定与加固可考虑地基土的长期压密效应。天然地基承载力设计值可比原设计值有所提高,提高系数应根据实际情况确定,但不应大于 1.2。

4.1.7 当建筑物不均匀沉降大或倾斜严重,或基础存在严重的结构隐患时,应首先采取措施解决地基或基础存在的严重静载缺陷问题。

4.1.8 因进行上部结构和基础的加固,使得作用在地基上的静载有较大幅度增加时,应验算地基的沉降变形。

4.1.9 优秀历史建筑地基和基础加固施工过程中,宜做好对整体结构安全性的实时监测。

4.2 抗震鉴定

I 第一级鉴定

4.2.1 符合下列条件的优秀历史建筑,应直接评定为地基与基础抗震性能符合要求:

1 基础无明显腐蚀、酥碱、松散和剥落。

2 上部结构无不均匀沉降引起的裂缝,或虽有裂缝,但不严重且无发展趋势。

3 基础不均匀沉降引起的最大沉降差或倾斜不大于 10‰,且无发展趋势。

4 存在软弱土、饱和砂土和饱和粉土时,按现行上海市工程建设规范《建筑抗震设计标准》DGJ 08—9 执行,判别为无液化可能或者液化等级虽属于轻微液化,但上部结构整体性很好,同时无严重静载缺陷且不处于危险场地条件的地基基础。

4.2.2 下列建筑物当不位于边坡上或边坡附近时,应直接评定为地基与基础抗震性能符合要求:

1 采用天然地基上浅基础的砌体结构。

2 采用天然地基上浅基础,且地基主要受力层范围内无淤泥、松散填土或可液化土层的下列建筑物：

    1）单层厂房和单层空旷结构。

    2）不超过八层且高度在 24 m 以下的一般框架结构、抗震墙和框架-抗震墙结构民用建筑。

    3）基础荷载与第2)项框架结构民用建筑相当的多层框架结构。

  3 承受竖向荷载的木桩。

  4 现行上海市工程建设规范《建筑抗震设计标准》DGJ 08—9 规定可不进行上部结构抗震验算的建筑物。

4.2.3 当出现下列情况时，应直接评定为地基与基础抗震性能不符合要求：

  1 基础劣化、腐蚀、酥碱、折断，导致结构产生明显倾斜、位移、裂缝。

  2 地基不均匀沉降引起的最大沉降差或倾斜大于 10‰，且短期内无稳定趋势，地基沉降量连续 2 个月大于 2 mm/月。

  3 上部结构砌体部分出现宽度大于 5 mm 的沉降裂缝，预制构件之间的连接部位出现宽度大于 1 mm 的沉降裂缝。

  4 经判别，地基的液化等级为中等或严重。

Ⅱ 第二级鉴定

4.2.4 地基与基础的第二级鉴定应符合下列要求：

  1 对于不满足本标准第 4.2.1 条规定的优秀历史建筑地基与基础，应按现行上海市工程建设规范《现有建筑抗震鉴定与加固标准》DGJ 08—81 的相关规定进行承载力验算。

  2 静载作用下已出现严重缺陷的地基与基础，应同时验算其静载下的承载力；若静载作用下的承载力不能满足要求，应直接判定其不满足抗震要求。

4.3 地基与基础的加固

4.3.1 当地基竖向承载力不满足要求时,可作下列处理:

1 当未出现本标准第4.2.3条的情况时,可观察使用。

2 当基础底面压力验算值超过地基承载力设计值,但不大于1.1倍地基承载力设计值时,可采取加强上部结构,提高抵抗不均匀沉降能力的措施。

3 当基础底面压力验算值大于1.1倍地基承载力设计值,或建筑已出现不容许的沉降和裂缝时,可采取加大基础底面积、加固地基或减少荷载的措施。

4 当加大基础底面积时,根据基础中心受压或偏心受压的不同情况,可采用对称或不对称加宽基础。当原有基础为刚性基础,采用混凝土套加宽时,加固后的基础应满足刚性基础宽高比的要求;当原有基础为钢筋混凝土基础,采用钢筋混凝土套加宽时,应参照钢筋混凝土叠合构件的设计方法进行设计计算。

5 当不宜采用混凝土或钢筋混凝土套加大基础底面积时,可将原独立基础改成条形基础,将原条形基础改成十字交叉条形基础或筏形基础。

6 对条形基础加宽时,应按长度1.5 m～2.0 m划分成单独区段,分批、分段、间隔进行施工。不应沿基础全长开挖连续的坑槽或使坑槽内地基土暴露过久,而引起基础新的不均匀沉降。

7 当需要进行地基加固时,可采用锚杆静压桩、树根桩、增设钢筋混凝土托梁抬墙梁、注浆加固及以上方法的组合等加固方法。

4.3.2 当地基的水平承载力不满足要求时,可作下列处理:

1 基础旁无刚性地坪时,可增设刚性地坪。

2 可增设基础梁,将水平荷载分散到相邻的基础上。

4.3.3 可采取桩基托换、注浆加固和覆盖法等措施消除或减轻地基液化，且应符合下列规定：

　　1　桩基托换：设置锚杆静压桩、树根桩等，将基础荷载通过桩传到非液化土上。桩端（不包括桩尖）伸入非液化土中的长度应按计算确定，且不宜小于 0.5 m。

　　2　注浆加固：在基础底面以下一定深度范围内注水泥浆、水玻璃等浆液，使液化地基改变为非液化地基。

　　3　覆盖法：将建筑的地坪和外侧排水坡改为钢筋混凝土整体地坪。地坪应与基础或墙体可靠连接，地坪下应设厚度为300 mm 的砂砾或碎石排水层，室外地坪宽度宜为 4 m～5 m。

4.3.4　当基础结构本身需要加固时，可按下列原则进行：

　　1　当仅为基础表面疏松、剥落和露筋等表面损伤时，可凿去表面疏松混凝土，再新浇混凝土保护层以保护钢筋不再锈蚀。

　　2　当基础已发生结构性损坏时，应根据损坏原因和具体情况，采用加钢筋混凝土围套法、预应力加固法等常规加固方法；也可采用桩基托换等方法，通过改变荷载的传力路线，改善原基础的受力状况。

5 混凝土结构

5.1 一般规定

5.1.1 本章适用于钢筋混凝土梁、板、柱、墙等共同承重的混凝土结构优秀历史建筑。

5.1.2 混凝土结构优秀历史建筑的抗震鉴定应重点检查下列部位：

    1 应检查重点保护部位与主体结构的连接构造，并检查其他非结构构件以及局部易掉落伤人的构件、堵塞逃生通道的部件以及楼梯间非结构构件的连接构造。

    2 除应按第 1 款检查外，尚应检查梁柱节点的连接方式、框架跨数及不同结构体系之间的连接构造、结构性裂缝的分布和形态等。

5.1.3 混凝土结构优秀历史建筑的抗震鉴定，应根据结构体系的合理性、结构构件的裂缝、钢筋锈蚀损伤程度、构件连接的可靠性、填充墙等与主体结构的拉结构造以及构件抗震能力等进行综合分析。

5.1.4 混凝土结构优秀历史建筑的抗震鉴定应考虑混凝土开裂对构件刚度的影响、钢筋锈蚀导致保护层剥落和截面削弱及其对构件刚度和承载力的影响、锈蚀对钢筋锚固性能的影响。

5.1.5 当砌体结构与混凝土结构相连或依托于混凝土结构时，应合理考虑二者的协同工作，并按本标准第 6 章的相关规定进行抗震鉴定；对混凝土结构的鉴定，应考虑两种不同性质结构相连的影响。

5.1.6 采用部分钢筋混凝土墙承重时，应计入混凝土墙对地震作用及其效应的影响,并应对混凝土墙的抗震承载力进行验算。

5.1.7 砖女儿墙、门脸等非结构构件和凸出屋面的砌体结构应按本标准第 6 章的相关规定进行抗震鉴定。

5.1.8 混凝土结构优秀历史建筑的抗震加固应符合下列要求:

1 抗震加固时,应根据保护要求及实际情况选择加固方案,以提高结构构件抗震承载力或增强结构变形能力。

2 加固后的框架应避免形成短柱、短梁或强梁弱柱。

5.1.9 混凝土结构优秀历史建筑加固后,当按本标准第 3.2.7 条的规定进行抗震承载力验算时,可按本标准第 5.2 节的方法计入构造的影响,但应采用加固后的构造影响系数。

5.2 抗震鉴定

Ⅰ 第一级鉴定

5.2.1 混凝土结构优秀历史建筑的结构体系应符合下列规定:

1 结构布置合理,传力路径明确,没有明显的薄弱层。

2 混凝土结构为双向抗侧力体系,节点连接可靠。

3 楼板与主体结构可靠连接并有效传递地震作用;当采用空心砖填充的密肋楼盖时,砖和砖、砖和混凝土间连接良好。

4 平面内的抗侧力构件及质量分布均匀对称。

5.2.2 混凝土结构优秀历史建筑的外观质量宜符合下列规定:

1 重点保护部位的局部结构无明显变形。重点保护部位的非结构构件应与主体结构可靠连接。

2 梁、板、柱、墙及其节点的混凝土无明显影响房屋安全使用的结构性裂缝和钢筋锈蚀。

3 填充墙无明显开裂或与主体结构脱开。

4 主体结构构件无明显变形、倾斜或歪扭。

5.2.3 主体结构配筋应符合下列要求:

1 箍筋不应锈断。

2 纵筋光圆钢筋锈蚀率不超过 10%,变形钢筋锈蚀率不超过 20%。

5.2.4 框架梁柱应符合下列规定:

1 梁柱箍筋间距不大于相应构件截面宽度。

2 箍筋在柱上、下端 1.5 倍有效截面高度范围内有加密。

3 混凝土柱截面宽度不小于 250 mm。

4 混凝土强度等级不低于 C15。

5.2.5 砖砌体填充墙、隔墙与主体结构的连接应符合下列规定:

1 考虑填充墙抗侧力作用时,填充墙的厚度不小于 180 mm,砂浆强度等级不低于 M1,填充墙嵌砌于框架平面内。

2 填充墙和隔墙与两端的墙柱有可靠连接,接触面无开裂。

Ⅱ 第二级鉴定

5.2.6 混凝土结构应根据本标准第 3.2.7 条的规定进行构件抗震承载力验算。计算时,构件组合内力验算值不作调整,其承载力尚应按本标准第 5.2.7 条和第 5.2.8 条的规定估算构造的影响。

5.2.7 体系影响系数 ψ_1 可根据结构体系、梁柱箍筋、轴压比等符合第一级鉴定要求的程度和部位,按下列情况确定:

1 ψ_1 的取值不应大于 1.0。

2 当各项构造仅符合非抗震设计规定时,ψ_1 取 0.8。

3 当结构受损或发生倾斜但已修复、纠正时,尚宜考虑折减系数 0.8~1.0。

5.2.8 局部影响系数 ψ_2 根据局部构造不符合本节第一级鉴定要求的程度,可采用下列各项情况的最小值:

1 与承重砌体结构相连的框架,取 0.8~0.95。

2 填充墙等与框架的连接不符合本节第一级鉴定要求时,取 0.7~0.95。

5.2.9 抗震承载力验算应符合现行上海市工程建设规范《既有

建筑物结构检测与评定标准》DG/TJ 08—804 的相关规定,并考虑锈蚀对钢筋受力性能的影响。

5.2.10 抗震承载力验算时,可按下列情况考虑非主体结构部分的影响:

1 对设置部分混凝土墙的结构,可考虑混凝土墙刚度的作用。

2 当砌体填充墙与主体结构可靠连接时,可按刚度等效原则考虑填充墙的作用。

3 当现浇楼板连接构造满足要求时,可考虑梁有效翼缘宽度范围内楼板截面及钢筋的作用。

Ⅲ 第三级鉴定

5.2.11 混凝土结构优秀历史建筑抗倒塌评估可基于弹塑性变形验算结果或按本标准附录 A 进行倒塌过程分析,锈蚀钢筋本构关系应按现行上海市工程建设规范《既有建筑物结构检测与评定标准》DG/TJ 08—804 的相关规定确定。

5.2.12 混凝土结构优秀历史建筑罕遇地震下的最大层间位移角应符合现行上海市工程建设规范《建筑抗震设计标准》DGJ 08—9 的相关规定。

5.3 抗震加固

5.3.1 混凝土结构优秀历史建筑的结构体系和抗震承载力不满足要求时,可选择采用下列加固方法:

1 单向框架改为双向框架,或加强楼、屋盖整体性且同时增设抗震墙、消能支撑等抗侧力构件。

2 混凝土构件可采用碳纤维布、钢套、现浇钢筋混凝土套或粘贴钢板、钢绞线网-聚合物砂浆面层等方法加固。

3 结构侧向刚度较弱、明显不均匀或有明显的扭转效应时,可增设支撑(包括消能支撑),也可增设钢筋混凝土抗震墙或翼墙。

5.3.2 填充墙体与框架梁柱连接不满足鉴定要求时,可通过粘贴碳纤维布等方式增强连接。

5.3.3 女儿墙、烟囱等易倒塌部位不满足鉴定要求时,可采用在内部加设支撑等加固方法。

6 砌体结构

6.1 一般规定

6.1.1 本章适用于烧结黏土砖砌体承重的优秀历史建筑。

6.1.2 砌体结构优秀历史建筑的抗震鉴定应重点检查下列部位：

　　1 楼、屋盖与墙体的连接构造，纵横墙交接处的连接，墙体裂缝分布，以及女儿墙和出屋面烟囱等易引起倒塌伤人的部位。

　　2 墙体布置的规则性，圈梁、构造柱的设置和其他保证结构整体性的构造措施。

6.1.3 砌体结构优秀历史建筑的抗震鉴定，应根据结构体系的合理性、主体结构倾斜或不均匀沉降、结构构件材料的实际强度、纵横墙和楼板连接的可靠性、女儿墙等与主体结构的连接构造以及构件抗震承载力等，进行综合分析。

6.1.4 砌体结构优秀历史建筑的抗震加固应符合下列要求：

　　1 抗震加固时，应根据保护要求及实际情况选择加固方案，优先采用提高结构整体协同受力、增强结构构件抗震承载力的方案。

　　2 加大截面或新增构件时，应考虑刚度变化引起的内力重分布，避免局部加强导致结构刚度或强度突变。新增部分与原有结构之间有可靠连接，新增的抗震墙、柱等竖向构件有可靠的基础。

6.2 抗震鉴定

I 第一级鉴定

6.2.1 第一级鉴定适用于高度和层数不超过表 6.2.1 所列的砌体结构优秀历史建筑。对隔开间或多开间设置墙体的结构,其适用高度和层数宜比表 6.2.1 的规定分别降低 3 m 和 1 层。

表 6.2.1 多层砌体结构优秀历史建筑的最大高度和层数

结构体系类型	墙体类别	墙体厚度(mm)	最大高度(m)	总层数
墙体承重	实心墙	≥220	22	七
	空斗墙	≥220	10	三
底层框架-墙体	实心墙	≥220	19	六
	实心墙	190	13	四
底层内框架	实心墙	≥220	13	四
	实心墙	190	7	二
内框架	实心墙	≥220	16	四

注:结构高度计算方法同现行上海市工程建设规范《建筑抗震设计标准》DGJ 08—9 的相关规定。

6.2.2 砌体结构优秀历史建筑的结构体系应符合下列规定:

1 结构的高度与宽度(对外廊结构,此宽度不包括其走廊宽度)之比不大于 2.2,且高度不大于底层平面的最大尺寸。

2 承重墙体最大间距符合表 6.2.2 的规定。

3 质量和刚度沿结构高度分布规则均匀,立面高度变化不超过 1 层,同一楼层的楼板标高相差不大于 500 mm。

4 墙体等抗侧力构件在平面内对称布置,楼层质心和计算刚心基本重合或接近。

5 跨度不小于 6 m 的大梁不由独立砖柱支承。

表 6.2.2 多层砌体结构优秀历史建筑承重墙体的最大间距

楼、屋盖类别	墙体类别	墙体厚度(mm)	最大间距(m)
现浇或装配整体式混凝土	实心墙	≥220	15
	空斗墙	≥190	13
装配式混凝土	实心墙	≥220	11
	空斗墙	≥190	10
木、砖拱	实心墙	≥220	7
	空斗墙	≥190	6

6.2.3 砌体结构优秀历史建筑的外观和内在质量宜符合下列要求：

1 砌体无严重风化,墙体无明显疏松和歪闪。

2 支承大梁、屋架的墙体无竖向裂缝,楼板与墙体连接可靠;承重墙、自承重墙及其交接处无明显裂缝。

3 混凝土构件符合本标准第 5 章的有关规定。

6.2.4 木楼、屋盖外观和内在质量应符合本标准第 8 章的有关规定。

6.2.5 承重墙体的砖、砂浆强度应符合下列要求：

1 砖强度等级不低于 MU5,且不低于砌筑砂浆强度等级。

2 二层及以下的砖砌体砌筑砂浆强度等级不低于 M0.4;超过二层时,不低于 M1。

6.2.6 砌体结构优秀历史建筑的整体性连接构造应符合下列要求：

1 墙体布置在平面内闭合,纵横墙交接处有可靠连接;不被烟道、通风道等竖向孔道削弱。

2 混凝土楼、屋盖构件的连接应符合下列要求：

　　1）混凝土预制楼、屋盖构件的支承长度不小于表 6.2.6 的规定。

　　2）混凝土预制构件有坐浆;预制板缝有混凝土填实,板上有水泥砂浆面层。

3 木楼、屋盖构件的支承长度和连接情况应符合本标准第8章的有关规定。

表6.2.6 混凝土楼、屋盖构件的最小支承长度(mm)

构件名称	预制板		预制梁
位置	墙上	梁上	墙上
支承长度	100	80	180,且有梁垫

6.2.7 砌体结构优秀历史建筑中易引起局部倒塌的部件及其连接应符合下列要求:

1 结构构件的局部尺寸宜符合下列要求:

1)承重的门窗间墙最小宽度、外墙尽端至门窗洞边的距离及支承跨度大于5 m的大梁的内墙阳角至门窗洞边的距离不小于0.8 m。

2)出屋面的楼、电梯间和水箱间等小房间的门窗洞口水平截面面积不超过墙体总水平截面面积的25%。

2 非结构构件应符合下列要求:

1)隔墙与两侧墙体或柱有可靠连接。长度大于6 m或高度大于3 m时,墙顶还应与梁板有可靠连接。

2)非承重的外墙尽端至门窗洞边的距离不小于0.8 m。

3)厚度为180 mm的无拉结女儿墙和门脸等装饰物,其凸出屋面的高度,对整体性不良或非刚性结构不大于0.5 m;对刚性结构的封闭女儿墙不大于0.8 m。

4)出入口或人流通道上方的出屋面小烟囱、女儿墙、门脸等装饰物应有可靠连接。

5)挑檐、挑梁、雨篷等悬挑构件支座处材料无明显锈蚀和腐蚀。

6.2.8 当层高1/2处的门窗洞所占的水平截面面积对承重横墙不大于总截面面积的25%、对承重纵墙不大于总截面面积的

50％时,砌体结构优秀历史建筑厚度为 220 mm 的承重墙的间距限值应按表 6.2.8-1 采用;其他墙体应按表 6.2.8-1 的限值乘以表 6.2.8-2 的墙体类别修正系数采用。

表 6.2.8-1 砌体结构优秀历史建筑承重墙体间距限值(m)

楼层总数	检查楼层	砂浆强度等级			
		M0.4	M1	M2.5	M5
一	1	5.3	8.8	13.0	15.0
二	2	4.8	7.9	12.0	15.0
	1	4.2	6.4	9.2	12.0
三	3	—	7.0	11.0	15.0
	1～2	—	5.0	6.8	9.2
四	4	—	6.6	9.8	12.0
	3	—	4.6	6.5	8.9
	1～2	—	4.1	5.7	7.5
五	5	—	6.3	9.4	12.0
	4	—	4.3	6.1	8.3
	1～3	—	3.6	4.9	6.4
六	6	—	—	9.2	12.0
	5	—	6.1	5.8	7.8
	4	—	4.1	4.8	6.4
	1～3	—	—	4.4	5.7

注:楼盖为混凝土而屋盖为木屋架或钢木屋架时,表中顶层的限值宜乘以 0.7。

表 6.2.8-2 墙体类别修正系数

墙体类别	空斗墙	实心墙			
厚度(mm)	240	180	240	370	480
修正系数	0.60	0.75	1.05	1.40	1.80

6.2.9 内框架、底层框架砌体结构应符合下列要求：

1 平面基本对称，立面规则，楼梯间砖墙贯通全高。结构纵、横两个方向均有砖或混凝土抗震墙。每个方向第二层与底层抗侧刚度比值不大于 3.0。

2 内框架和底层框架砌体结构的底层抗震墙间距符合表 6.2.9 的要求，底层内框架砌体结构的底层抗震墙体间距的限值，可按底层框架砌体结构的 0.85 倍采用。

表 6.2.9　内框架和底层框架砌体结构的底层抗震墙体最大间距(m)

楼层总数	砂浆强度等级	
	M2.5	M5
二	14	15
三	11	14
四	9	12
五	8	10
六	—	9

3 内框架和底层框架砌体结构第二层墙体与底层的框架梁或外墙对齐。

4 内框架结构外侧窗间墙采用带壁柱墙，窗间墙宽度不小于 1.0 m。内框架梁在外墙上的支承长度不小于 220 mm。

5 内框架和底层框架砌体结构的抗震砖墙厚度不小于 220 mm，砖块实测抗压强度等级不低于 MU5，砌筑砂浆实测抗压强度等级不低于 M1。

6 底层抗震墙、框架梁、柱实测混凝土抗压强度等级不低于 C15。

7 底层框架柱截面最小尺寸不小于 250 mm，在重力荷载作用下的轴压比不大于 0.8。钢筋混凝土梁、柱截面尺寸，配筋及间距符合本标准第 5 章的有关要求。

8 底层框架砌体结构的二层以上的抗震砖墙间距的限值符

合本标准第6.2.8条的要求。

Ⅱ 第二级鉴定

6.2.10 砌体结构优秀历史建筑可按现行上海市工程建设规范《建筑抗震设计标准》DGJ 08—9 的相关规定,采用底部剪力法,按本标准第3.2.7条的规定,考虑构造的整体影响和局部影响,对砖墙平面内抗震承载力进行验算。构造影响系数按现行上海市工程建设规范《现有建筑抗震鉴定与加固标准》DGJ 08—81 执行。对不能满足抗震鉴定要求的建筑,应采取加固或其他相应的措施。

Ⅲ 第三级鉴定

6.2.11 砌体结构优秀历史建筑的抗倒塌评估可基于罕遇地震下垂直于水平地震方向的承重墙体平面外抗弯承载力验算,或按本标准附录 A 进行倒塌过程分析。

6.2.12 对于未设置圈梁和构造柱的承重墙体,应考虑墙顶竖向荷载的影响,按下列公式对单位长度承重墙进行墙底截面平面外抗弯承载力验算:

$$M_b/W - N_b/A \leqslant f_{tp} \qquad (6.2.12-1)$$

$$M_b = M_u/2 + qH^2/2 \qquad (6.2.12-2)$$

$$N_b = N_u + G \qquad (6.2.12-3)$$

$$q = \eta m \alpha_{max} \qquad (6.2.12-4)$$

式中:M_b,N_b——单位长度墙底截面的弯矩及轴压力;

f_{tp}——砌体沿通缝弯曲抗拉强度值;

W——单位长度墙段水平截面抵抗矩;

A——单位长度墙段水平截面面积;

M_u——单位长度墙段顶部弯矩验算值;

N_u——单位长度墙段顶部轴压力验算值；

q——沿墙体高度方向自重惯性均布作用力；

G——单位长度墙段自重验算值；

H——单位长度墙段高度；

η——地震作用效应调整系数，取1.5；

m——单位长度墙段质量；

α_{max}——罕遇地震下的水平地震影响系数最大值，按本标准表3.2.7-1取值。

6.2.13 对于采用预制混凝土、木楼盖或屋盖的砌体结构，如果窗间墙最小宽度、外墙尽端至门窗洞边的距离小于0.8 m，可按下列公式对洞口上方单位高度自承重墙体进行平面外抗弯承载力验算：

$$M_t \leqslant f_{tn}W' \qquad (6.2.13-1)$$

$$M_t = qL^2/12 \qquad (6.2.13-2)$$

式中：M_t——洞口上方单位高度墙段弯矩验算值；

f_{tn}——砌体沿齿缝弯曲抗拉强度值；

W'——单位高度墙段竖向截面抵抗矩；

L——单位高度墙段两端横墙间距；

q——沿墙体高度方向自重惯性均布作用力，按本标准式(6.2.12-4)取值。

6.3 抗震加固

6.3.1 砌体结构优秀历史建筑抗震加固应优先采用整体加固、区段加固或构件加固方法，加强整体性，改善构件的受力状况，提高综合抗震能力。

6.3.2 结构整体性不满足要求时，可选择下列加固方法：

1 当墙体布置在平面内不闭合时，可增设墙段或在开口处增设混凝土框形成闭合。

2 当纵横墙连接较差时,可采用增加钢拉杆、锚杆等方式加固。

3 楼、屋盖构件支承长度不满足要求时,可增设托梁或采取增强楼、屋盖整体性等措施;对腐蚀变质的木构件应更换,对埋入砖墙的木梁和格栅可增设角钢支托。

4 四层及以上结构未设置构造柱和圈梁时,可增设外加构造柱和圈梁;当墙体采用钢筋网砂浆面层或钢筋混凝土板墙加固,且在墙体交接处增设相互可靠拉结的配筋加强带时,可不另设构造柱。

5 当楼盖长宽比不满足要求时,可增设钢筋混凝土现浇层或增设托梁加固楼、屋盖。

6.3.3 对结构中易倒塌的部位,可选择下列加固方法:

1 窗间墙宽度过小或砖墙平面外抗倒塌能力不满足要求时,可采用增设钢筋混凝土窗框、钢筋网砂浆面层、钢筋混凝土板墙、外贴纤维复合材料和高延性水泥基复合材料等方法加固。

2 支承大梁、挑梁等构件的墙段抗震能力不满足要求时,可增设砖柱、组合柱、钢筋混凝土柱或采用钢筋网砂浆面层和板墙加固。

3 支承过梁、连系梁等构件的砖柱宜采用钢围套进行加固。

4 隔墙无拉结或拉结不牢时,可采用镶边以及埋设钢夹套、锚筋或钢拉杆加固;隔墙过长、过高时,可采用钢筋网砂浆面层进行加固。

5 出屋面的楼梯间、电梯间和水箱间可采用钢筋网砂浆面层或外加柱加固,加固部位上部应与屋盖构件有可靠连接,下部应与主体结构的加固措施相连。

6 出屋面的烟囱、无拉结女儿墙、门脸等超过规定的高度时,可采用型钢、钢拉杆等加固。

6.3.4 墙体抗震承载力不满足要求时，可选择下列加固方法：

1 对局部的强度过低的原墙体可拆除重砌，重砌和增设抗震墙的结构材料宜采用与原结构相同的砖或砌块。

2 对已开裂的墙体，可采用压力灌浆修补，对砌筑砂浆饱满度差且砌筑砂浆强度等级偏低的墙体，可用满墙灌浆加固。修补后，墙体的刚度和抗震能力可按原砌筑砂浆强度等级计算。

3 墙体可采用水泥砂浆面层、钢筋网砂浆面层、钢绞线网-聚合物砂浆面层、高延性水泥基复合材料面层或现浇钢筋混凝土板墙等加固。

4 墙体交接处可采用增设混凝土构造柱加固，构造柱应与圈梁、拉杆连成整体，或与混凝土楼、屋盖可靠连接。

5 在柱、墙角或门窗洞边可采用型钢或钢筋混凝土包角或镶边。

6 空斗墙和厚度不大于 180 mm 的承重砖墙可采用钢筋网砂浆面层或板墙加固。

6.3.5 当具有明显扭转效应的多层砌体结构抗震能力不满足要求时，可优先在薄弱部位增砌砖墙或混凝土墙，或增加面层；条件许可时，也可采取分割平面单元、减少扭转效应的措施。

7 钢结构

7.1 一般规定

7.1.1 本章适用于 10 层以下、以钢结构为主体结构的优秀历史建筑。

7.1.2 钢结构优秀历史建筑的抗震鉴定,应根据结构体系的合理性、结构构件材料的实际强度、构件连接的可靠性、填充墙等与主体结构的拉结构造以及附属支撑等,进行综合分析。

7.1.3 当砌体结构与钢结构相连,或依托于钢排/框架结构时,鉴定应计入两种不同性质的结构相连的影响。

7.1.4 钢结构优秀历史建筑的抗震加固应符合下列要求:

  1 加固后的钢排/框架不含短柱、短梁或强梁弱柱。

  2 加固后新增的钢结构部分按照现行钢结构标准进行验算。

7.1.5 钢结构优秀历史建筑的抗震鉴定尚应按照有关规定检查消防设施的现状和地震时的防火问题。

7.2 抗震鉴定

Ⅰ 第一级鉴定

7.2.1 钢结构优秀历史建筑的主体结构应符合下列规定:

  1 钢构件无裂纹和部分断裂,工作无异常。

  2 钢构件之间的连接方式正确,连接可靠。

  3 钢构件无缺陷或仅有局部的表面缺陷,截面平均锈蚀深度 Δt 不大于截面厚度的 0.05 倍。

7.2.2 钢结构优秀历史建筑钢梁实测挠度不应大于其计算跨度的 1/300;钢柱顶实测水平位移不应大于结构顶点高度的 1/300;层间位移应小于层间高度的 1/300。

7.2.3 钢结构优秀历史建筑的外观和内在质量宜符合下列要求:

1 梁、柱及其节点仅有少量锈蚀或微小开裂,涂层大部分完好。

2 填充墙无明显开裂或与钢结构脱开,支撑结构状态良好。

3 主体结构构件无明显变形、倾斜或歪扭。

4 铆钉、螺栓无松动、脱落,焊缝质量可靠。

Ⅱ 第二级鉴定

7.2.4 钢结构优秀历史建筑的抗震承载力验算应符合下列规定:

1 如无特殊要求,应根据结构类型采用相应的简化计算方法。

2 当结构体系较复杂,难以合理地进行简化计算时,应进行整体结构分析。

3 当存在影响主体结构安全性的其他因素时,应结合计算综合评定其对结构抗震性能的影响。

7.2.5 钢结构优秀历史建筑的抗震承载力验算应按照本标准第 3.2.7 条进行。

7.2.6 钢排架结构优秀历史建筑可采用铰接钢框架模型,其水平承载力和刚度可考虑钢柱外包材料和填充墙等非结构构件的贡献,相关计算可按本标准附录 B 执行。

Ⅲ 第三级鉴定

7.2.7 钢结构优秀历史建筑抗倒塌评估可基于弹塑性变形验算结果或按本标准附录 A 进行倒塌过程分析。罕遇地震下结构最大层间位移角不应大于 1/50。

7.3 抗震加固

7.3.1 钢结构优秀历史建筑的结构体系和抗震承载力不满足要求时,可选择下列加固方法:

    1 根据结构保护要求和结构特性,选择减轻荷载、加大构件截面和提高连接强度等加固方法。

    2 单向框架宜加固,或改为双向框架;或采取加强楼、屋盖整体性且同时增设抗震墙和消能支撑等抗侧力构件的措施。

7.3.2 钢结构加固施工需要拆除构件或卸荷时,可采用下列方法:

    1 在屋架等梁式结构下弦节点设临时支柱或组成撑杆式结构,张紧其拉杆对屋架进行卸荷。

    2 采用临时支柱或"托梁换柱"等方法对钢柱卸荷。

7.3.3 钢结构优秀历史建筑加固宜采用原工艺进行,亦可采用焊缝连接、摩擦型高强度螺栓连接,或在有据可依的情况下采用混合连接。

8 木结构

8.1 一般规定

8.1.1 本章适用于楼、屋盖和梁柱结构构件由木材制作,且不超过3层的穿斗木构架、旧式木骨架、木柱木屋架以及单层的柁木檩架等木结构优秀历史建筑。

8.1.2 木结构优秀历史建筑的抗震鉴定应根据结构体系的合理性、结构构件材料的实际强度、构件连接的可靠性、填充墙等与主体结构的拉结构造等,进行综合分析。

8.1.3 木结构优秀历史建筑的抗震鉴定可以抗震措施鉴定为主,如有下列情况之一,宜进行抗震承载力验算:

  1 有过度变形或产生局部破坏的构件和节点。

  2 需由构架本身承受水平荷载的无墙木构架建筑。

8.1.4 木结构优秀历史建筑加固后的新增部分应按现行国家标准《木结构设计标准》GB 50005 的相关规定进行验算。

8.1.5 木结构优秀历史建筑抗震鉴定时,应按有关规定检查消防设施的现状和地震时的防火问题。

8.2 抗震鉴定

Ⅰ 第一级鉴定

8.2.1 木结构优秀历史建筑的外观和内在质量宜符合下列要求:

  1 主要受力构件无明显变形、歪扭、腐朽、虫蛀和影响受力的裂缝和缺陷。

2 木结构的节点无明显松动和拔榫,卯口周边无明显开裂和挤压变形。

3 连接铁件无严重锈蚀、变形或残缺。

4 木构架平面内倾斜不超过柱总高的 1/200;平面外倾斜不超过柱总高的 1/300;柱头与柱脚相对位移不超过柱无支撑长度的 1/150。

8.2.2 承重木柱应符合下列规定:

1 不同时存在表层腐朽、老化变质和心腐,且表层腐朽、老化变质所占面积不超过截面面积的 1/5,心腐所占面积不超过截面面积的 1/7。

2 柱身弯曲不超过柱无支撑长度的 1/250。

3 柱脚在柱础上的承压面积不小于柱脚截面面积的 3/5。

4 柱与柱础之间的错位量与柱径之比不超过 1/6。

8.2.3 承重木梁枋应符合下列规定:

1 木梁枋全长范围内没有心腐;梁中部表层腐朽和老化导致的截面损失不超过截面面积的 1/8;斜裂纹斜率不大于 15%。

2 高跨比大于 1/14 时,竖向挠度不大于 $l^2/(2\,100h)$;高跨比不大于 1/14 时,竖向挠度不大于 $l/150$,其中 l 为梁的计算跨度,h 为截面高度。

3 没有受力引起的梁端开裂。

8.2.4 梁柱间的连接应符合下列规定:

1 纵向连枋及其连系构件没有明显残缺或松动。

2 抬梁式木结构梁柱榫卯连接拔榫不超过榫头长度的 2/5;穿斗式木结构梁柱榫卯连接拔榫不超过榫头长度的 1/2。

8.2.5 斗拱节点应符合下列规定:

1 整攒斗拱没有明显变形或错位和拱翘折断、小斗脱落等破损。

2 大斗没有明显压陷、劈裂、偏斜或移位。

3 斗拱中受弯构件相对挠度不超过 1/120。

4 斗拱木材没有腐朽、虫蛀或老化变质,及其他影响斗拱受力的损伤。

8.2.6 屋盖结构应符合下列规定:

1 屋盖结构木檩条不发生成片腐朽或虫蛀。

2 椽条挠度不超过跨度的 1/100 或引起屋面明显变形,且椽、檩之间有可靠连接。

3 当檩条计算跨度不大于 4.5 m 时,檩条跨中最大挠度不超过计算跨度的 1/90 或 36 mm;当檩条计算跨度大于 4.5 m 时,檩条跨中最大挠度不超过计算跨度的 1/125。

4 檩条在木构件上的支承长度不小于 60 mm;在墙体上的支承长度不小于 120 mm;木屋架和木大梁在墙体上的支承长度不小于 220 mm。

5 木屋架隔(开)间有一道竖向支撑或有满铺木望板和木龙骨顶棚;木屋架上檩条满搭,或采用夹板对接,或燕尾榫、扒钉连接。

6 木屋架上弦檩条搁置处设置有檩托;檩条与屋脊采用扒钉或铁丝连接;檩条与其上面的椽子或木望板采用圆钉、铁丝等相互连接;竖向剪刀撑与龙骨之间的斜撑采用螺栓连接。

8.2.7 楼盖结构应符合下列规定:

1 搁置在砖墙上的木龙骨的下部有垫木或铺设砂浆垫层。

2 内墙上木龙骨满搭,或采用夹板对接,或燕尾榫、扒钉连接。

3 木龙骨与格栅、木板等木构件采用圆钉、扒钉等相互连接。

4 木材未腐朽或破损。

5 格栅间有交叉木撑,端部支承长度不小于 60 mm。

Ⅱ 第二级鉴定

8.2.8 木结构优秀历史建筑抗震承载力验算除应按照本标准第

3.2.7条的规定执行外,尚应符合下列要求:

1 在截面抗震验算中,结构总水平地震作用的标准值按下式计算:

$$F_{EK} = 0.72\alpha_1 G_{eg} \tag{8.2.8}$$

式中:α_1——水平地震影响系数,按本标准表3.2.7-1选用;

$\quad\quad G_{eg}$——结构等效总重力荷载;

$\quad\quad F_{EK}$——结构总水平地震作用的标准值。

2 木构架承载力的抗震调整系数 γ_{RE} 取0.8。

8.2.9 对体型高大、内部空旷或结构特殊的木构架,若发现结构过度变形或有损坏,应专门研究确定其抗震承载力的验算方法。

Ⅲ 第三级鉴定

8.2.10 木结构优秀历史建筑抗倒塌评估可基于弹塑性变形验算结果或按本标准附录A进行倒塌过程分析。

8.2.11 对木结构优秀历史建筑进行弹塑性变形验算时,宜符合下列规定:

1 在验算木构架的水平抗震变形时,考虑梁柱节点、斗拱连接的有限刚度和拔榫对梁柱榫卯节点刚度的不利影响。

2 对不直接承受竖向荷载的木或砖砌体等填充墙体,可按竖向荷载为零时的填充墙体的抗侧刚度考虑其对木构件的抗震贡献。

8.2.12 罕遇地震下木构架的最大层间位移角不应大于1/30。

8.3 抗震加固

8.3.1 木结构优秀历史建筑不符合抗震鉴定要求时,除应按所发现的问题逐项进行加固外,尚应符合下列规定:

1 对体型高大、内部空旷或结构特殊的木结构,应采取整体加固措施。

    2 对抗震变形验算不合格的部位,应采取加设支顶等措施提高其刚度。若有困难,也可加临时支顶,但应与其他部位刚度相当。

8.3.2 对木构架进行整体加固,应符合下列要求:

    1 加固方案不改变原来的受力体系。

    2 木构架构件和节点的加固应以消除原有缺陷对构件与节点承载力和刚度的影响为主,不显著改变其力学性能。

    3 应采取有效措施消除原结构和构造的缺陷,对增设的连接件应设法加以隐蔽。

    4 对本应拆换的梁枋、柱,当其历史文化价值较高而必须保留时,可另加支柱,但另加的支柱应能易于识别。

    5 木构架整体加固时,原有的连接件,包括椽、檩和构架间的连接件,应全部保留。若有短缺时,应重新补齐。

    6 加固所用材料的耐久性不应低于原结构材料的耐久性。

8.3.3 木构架下列部位的榫卯连接构造,在整体加固时,应根据结构构造的具体情况,采用适当形式的连接件予以锚固:

    1 柱与额枋连接处。

    2 檩端连接处。

    3 有外廊或周围廊的木构架中,抱头梁或穿插枋与金柱的连接处。

    4 其他用半银锭榫连接的部位。

8.3.4 木梁抗弯承载力不足时,可采用碳纤维或钢等材料加固,并按照组合截面进行抗弯承载力计算;组合截面按换算惯性矩分配荷载。粘结用胶及纤维应符合相关规范的规定。

8.3.5 木梁抗剪承载力不足时,可在剪跨区粘贴碳纤维或玻璃纤维等材料;粘贴用胶及纤维应符合相关规范的规定。

8.3.6 木屋架的上下弦杆及斜腹杆的受压、受拉承载力不足时,可采用木、钢夹板螺栓加固。

8.3.7 木屋架竖杆和下弦杆开裂或承载力不足时,可附加钢拉杆进行加固。

8.3.8 木梁支座腐朽时,可采用夹接或托接的方式接长加固;连接的受拉螺栓和垫板应按现行国家标准《木结构设计标准》GB 50005 的相关规定验算。

8.3.9 木构件与墙之间可采用增设托木、附加柱或墙揽的方式进行加固。

8.3.10 榫卯节点可用扁铁或纤维加固;扁铁与木的连接应采用对穿螺栓;铁件主要用于节点抗拔,不宜显著改变节点的转动刚度。

9 重点保护部位

9.0.1 优秀历史建筑重点保护部位的抗震鉴定加固应区分结构构件和非结构构件。结构构件的抗震鉴定加固应按本标准第 3～8 章的相关规定进行,非结构构件的抗震鉴定应按本章规定进行。

9.0.2 重点保护部位的抗震鉴定可结合其保护要求、建筑历史、艺术及科学价值、使用现状、构造连接状况及其对主体结构的不利影响,以及使用功能、老化损伤、残损等情况进行。

9.0.3 女儿墙、防火墙、烟囱、挑檐、分隔墙、悬挑阳台、阳台板、望柱、栏板、柱式等重点保护的非结构构件应根据实际情况进行受力分析,并参照结构构件进行抗震鉴定。

9.0.4 壁炉、雕塑、脊兽、牌匾、挂件、砖雕、石雕、石刻、藻井、抹灰线角、纹样、花饰、钢饰件、钢门窗等重点保护装饰可根据受损程度,综合考虑易损性及其与主体结构构造连接的可靠性,根据表 9.0.4 的要求进行鉴定。重点保护部位受损程度系数 γ 可按下式计算:

$$\gamma = \sum A_{di}/A_i \qquad (9.0.4)$$

式中:A_{di}——第 i 处重点保护部位受损面积;

A_i——第 i 处重点保护部位总面积。

表 9.0.4　优秀历史建筑重点保护装饰抗震能力评定

受损程度系数 γ	连接情况		
	与主体结构连接牢固	连接虽已松动,但与主体结构连接有效	连接已损坏或与主体结构无可靠连接
0	满足	满足	不满足

受损程度系数 γ	连接情况		
	与主体结构连接牢固	连接虽已松动,但与主体结构连接有效	连接已损坏或与主体结构无可靠连接
≤10%	满足	不满足	不满足
>10%	不满足	不满足	不满足

9.0.5 重点保护部位在外力或环境等因素作用下,存在影响其自身安全性或与主体结构连接失效的情况,可直接评定为不满足抗震鉴定要求。

附录 A 优秀历史建筑地震倒塌过程分析与加固方法

A.0.1 本附录适用于优秀历史建筑的地震倒塌过程分析和加固。

A.0.2 优秀历史建筑地震倒塌过程分析宜采用三维计算模型。计算模型应符合结构的实际受力状态,构件的材料、尺寸、配筋等应与结构实际情况一致。

A.0.3 地震倒塌过程分析应选用不少于 20 组符合建筑场地类别和设计地震分组的实际地震加速度时程记录,其峰值加速度不应小于本标准表 3.2.7-2 的相关数值。同一地震事件中选用的地震记录数不宜超过 2 组。

A.0.4 地震倒塌过程分析一般采用弹性楼板假定,必要时可采用弹塑性楼板假定。

A.0.5 结构构件的力学模型可采用基于材料的模型或基于构件的模型,并应符合下列规定:

1 基于材料的模型应采用材料应力-应变$(\sigma\text{-}\varepsilon)$本构模型;进行弹塑性时程分析时,应采用反复荷载作用下的材料应力-应变$(\sigma\text{-}\varepsilon)$滞回本构模型。混凝土材料的本构模型宜有下降段。

2 基于构件的模型应采用构件的力-变形模型,包括弯矩-曲率$(M\text{-}\phi)$模型、弯矩-转角$(M\text{-}\theta)$模型、剪力-转角$(V\text{-}\theta)$模型、剪力-位移$(V\text{-}\Delta)$模型以及轴力-位移$(N\text{-}\Delta)$模型等。弹塑性时程分析时,应采用反复荷载作用下的构件力-变形滞回模型。

3 箍筋约束混凝土及箍筋约束混凝土结构构件的弹塑性力学模型应考虑箍筋约束对混凝土受压变形的影响。

4 宜考虑钢结构构件和节点域剪切变形影响。

5 预期不屈服的结构构件可采用线弹性模型。

6 构件的初始受力状态应为结构重力荷载代表值作用下的状态,竖向构件及轴力影响不可忽略的水平构件应考虑轴力的影响。

A. 0. 6 优秀历史建筑地震倒塌过程分析的材料强度应按检测结果取值。

A. 0. 7 当采用基于增量动力分析的倒塌易损性分析法进行地震倒塌过程分析时,结构倒塌概率不应大于1%。

A. 0. 8 优秀历史建筑抗地震倒塌加固方案应根据抗震鉴定结果和地震倒塌过程分析结果确定。加固方案应针对历史建筑倒塌原因,区分整体倒塌和局部倒塌。

A. 0. 9 对于整体倒塌,应采用加强结构整体性的体系加固方法或提升构件受力性能的方法综合提升结构抗地震倒塌能力。

A. 0. 10 对于局部倒塌,应确定触发局部倒塌的结构构件,并采用增强局部构件承载力或延性的方法提升结构抗地震倒塌能力。

附录 B 钢排架优秀历史建筑侧向刚度和承载力计算方法

B. 0. 1 对于外包混凝土或砌体材料的钢柱,在外包材料出现竖向裂缝之前,可按下式计算其截面抗弯刚度:

$$EI = E_c I_c + E_m I_m + E_s I_s \qquad (B. 0. 1)$$

式中:E, E_c, E_m 和 E_s——组合材料、混凝土、砌体和钢材的弹性模量;

I, I_c, I_m 和 I_s——组合柱、混凝土柱、砌体柱和钢柱的截面惯性矩。

B. 0. 2 带填充墙的钢排架结构可采用等效斜压杆模型进行计算。等效斜压杆的有效宽度可按下列公式确定:

$$w = 0.175(\lambda H)^{-0.4} d \qquad (B. 0. 2-1)$$

$$\lambda = \sqrt[4]{\frac{E_m t \sin 2\theta}{4EI H_w}} \qquad (B. 0. 2-2)$$

式中:w, t 和 d——填充墙的有效宽度、厚度和斜杆长度;

θ——斜杆的水平夹角;

H, H_w——排架柱和填充墙的高度。

B. 0. 3 带填充墙的钢排架抗剪承载力可参照图 B. 0. 3 所示的计算简图,并按下式计算:

$$V_u = V_f + V_w \qquad (B. 0. 3)$$

式中:V_u, V_f 和 V_w——带填充墙的钢排架的抗剪承载力、钢排架的抗剪承载力以及填充墙对钢排架抗剪承载力的贡献。

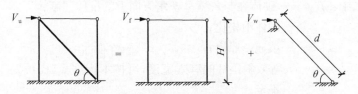

图 B.0.3 带填充墙钢排架抗剪承载力计算简图

B.0.4 考虑外包材料的钢排架的抗剪承载力可按下列公式
计算:

$$V_f = \min \begin{cases} V_f^b = \dfrac{2M_u}{H} & \text{(B.0.4-1)} \\[2mm] V_f^t = 4N_t \end{cases}$$

$$N_t = f_{mt}A_{mt}^l + f_{ct}A_{ct}^l \qquad \text{(B.0.4-2)}$$

$$f_{mt} = 0.141\sqrt{f_{mo}} \qquad \text{(B.0.4-3)}$$

$$f_{ct} = 0.395 f_c^{0.55} \qquad \text{(B.0.4-4)}$$

式中: V_f^b ——钢排架发生柱脚受弯破坏的抗剪承载力;

M_u ——排架柱的抗弯承载力,按组合柱进行计算;

V_f^t ——钢排架发生外包材料受拉破坏的抗弯承载力;

N_t ——柱顶虚拟连杆的抗拉承载力;

f_{mt}, f_{ct} ——砌体和混凝土的抗拉强度;

f_{mo}, f_c ——砂浆和混凝土的抗压强度;

A_{mt}^l, A_{ct}^l ——具有 2 皮砖高度的外包砌体柱和外包混凝土柱的
竖向受拉面积。

B.0.5 填充墙对钢排架抗剪承载力的贡献可按下列公式计算:

$$V_w = 0.7 f_{m\theta} w t \cos\theta \qquad \text{(B.0.5-1)}$$

$$f_{m\theta} = \cfrac{1}{\dfrac{2\cos^4\theta}{f_m} + \left[\dfrac{2(1+\nu)}{f_m} - \dfrac{4\nu}{f_m}\right]\cos^2\theta\sin^2\theta + \dfrac{\sin^4\theta}{f_m}}$$

(B.0.5-2)

式中：$f_{m\theta}$ —— 砌体在与灰缝呈 θ 角方向上的抗压强度；

      ν —— 砌体泊松比；

      t —— 填充墙厚度；

      w —— 等效斜压杆的有效宽度，可按本标准式(B.0.2-1)
确定。

B.0.6 钢排架的刚度可按下列公式计算：

$$K = K_f + K_w \qquad (B.0.6\text{-}1)$$

$$K_f = \frac{6EI}{H^3} \qquad (B.0.6\text{-}2)$$

$$K_w = \cfrac{1}{\cfrac{H\tan^2\theta}{E_s A_{sc}} + \cfrac{d}{wtE_m\cos^2\theta}} \qquad (B.0.6\text{-}3)$$

式中：K，K_f 和 K_w —— 带填充墙的钢排架、钢排架以及填充墙的
刚度；

      A_{sc} —— 钢柱截面面积；

      EI —— 组合柱的截面抗弯刚度，可按本标准
式(B.0.1)计算。

附录 C　优秀历史建筑的常态化检测

C.0.1　本附录主要适用于优秀历史建筑主体结构的常态化检测。

C.0.2　混凝土结构常态化检测的重点宜包括下列内容：

　　1　屋面和楼面构件的挠度。

　　2　构件的裂缝。

　　3　构件的损伤。

　　4　混凝土的剥落。

　　5　钢筋的锈蚀。

C.0.3　砌体结构常态化检测的重点宜包括下列内容：

　　1　结构整体及构件明显的变形或倾斜。

　　2　墙体表面和连接部位的裂缝。

　　3　块材风化疏松，砂浆粉化和剥落，墙体受潮和泛霜等。

　　4　楼板与墙体、纵墙与横墙连接部位的裂缝。

C.0.4　钢结构常态化检测的重点宜包括下列内容：

　　1　大跨度结构构件的变形。

　　2　连接及紧固件的完损情况。

　　3　构件的裂纹。

　　4　构件的锈蚀和损伤。

　　5　防腐涂层或防火涂层的损伤、老化或失效等。

C.0.5　木结构常态化检测的重点宜包括下列内容：

　　1　构件的受潮、腐蚀或虫蛀现象。

　　2　构件经过髓心的劈裂裂缝和斜率较大的干裂裂缝。

　　3　天沟和天窗的排水或渗漏。

　　4　构件连接的损伤。

5 夹板螺孔附近的开裂。

6 结构或构件的下垂或倾斜。

7 钢构件和配件的锈蚀。

8 螺帽松动和垫板变形。

C.0.6 当常态化检测发现有影响结构安全性的损伤或过大变形时,或使用荷载增加、使用环境改变时,应对结构进行抗震鉴定。

本标准用词说明

1 为了便于在执行本标准条文时区别对待,对要求严格程度不同的用词说明如下:

1) 表示很严格,非这样做不可的用词:

正面词采用"必须";

反面词采用"严禁"。

2) 表示严格,在正常情况下均应这样做的用词:

正面词采用"应";

反面词采用"不应"或"不得"。

3) 表示允许稍有选择,在条件许可时应首先这样做的用词:

正面词采用"宜";

反面词采用"不宜"。

4) 表示有选择,在一定条件下可以这样做的用词,采用"可"。

2 条文中指明应按其他有关标准、规范执行时,写法为:"应按……执行"或"应符合……的要求(规定)"。

引用标准名录

1 《砌体结构设计规范》GB 50003
2 《木结构设计标准》GB 50005
3 《建筑结构荷载规范》GB 50009
4 《混凝土结构设计规范》GB 50010
5 《建筑抗震设计规范》GB 50011
6 《钢结构设计标准》GB 50017
7 《建筑抗震鉴定标准》GB 50023
8 《建筑地基基础设计规范》GB 50007
9 《古建筑木结构维护与加固技术标准》GB/T 50165
10 《混凝土结构加固设计规范》GB 50367
11 《建筑结构可靠性设计统一标准》GB 50068
12 《砌体结构加固设计规范》GB 50702
13 《高耸与复杂钢结构检测与鉴定标准》GB 51008
14 《危险房屋鉴定标准》JGJ 125
15 《建筑抗震设计标准》DGJ 08—9
16 《地基基础设计标准》DGJ 08—11
17 《现有建筑抗震鉴定与加固标准》DGJ 08—81
18 《既有建筑物结构检测与评定标准》DG/TJ 08—804

上海市工程建设规范

优秀历史建筑抗震鉴定与加固标准

DG/TJ 08—2403—2022
J 16776—2023

条 文 说 明

2023 上海

目 次

Contents

1 总　则

1.0.1　地震中建筑物的破坏是造成地震灾害损失的主要因素。优秀历史建筑因受建造时的技术条件限制，普遍未考虑抗震设防。而优秀历史建筑因其具有的历史、科学和艺术价值，如按现行规范进行抗震鉴定及加固，则不利于保护。为此，需要针对优秀历史建筑的特点，采用针对性的抗震鉴定及加固方法，既有利于保护，又能延续历史建筑的使用寿命。

1.0.2　本标准所述的优秀历史建筑是指由上海市人民政府批准确定并公布的历史建筑。其他具有保护价值的历史建筑有着与优秀历史建筑相同的特点，在技术条件相同时，可以参考本标准执行。

1.0.3　考虑到本市优秀历史建筑的特殊性和保护需求，本标准无明确规定的，可参照国家、行业和本市现行相关标准的规定执行；本标准有明确规定的，应按照本标准规定执行。

3 基本规定

3.1 一般规定

3.1.1 本条规定了抗震鉴定的前提条件是获取足够的结构信息,并应首先确保非地震工况下结构的安全性。条文给出了具体的参考标准。

3.1.2 根据《上海市历史风貌区和优秀历史建筑保护条例》(2019 修正)第二十八条,优秀历史建筑的保护要求,根据建筑的历史、科学和艺术价值以及完好程度,分为四类。

优秀历史建筑鉴定周期越长,则结构作用效应的计算值会越大,导致加固量越大,这与优秀历史建筑的保护需求相矛盾。为更好地对历史建筑予以保护,实现减少加固量,达到平衡加固与保护的目的,采取定期检测、定期鉴定的策略,选择一个较小的鉴定周期,在确保不降低结构可靠度的前提下对其进行抗震鉴定,并根据分析结果进行抗震加固。当鉴定周期期满后,再对其进行检测鉴定。

为确保不降低结构抗震设防标准,本标准根据超越概率为 0.10 的烈度值开展承载力验算和抗地震倒塌评估。我国地震区划图上只给出了 50 年内 10% 的超越概率的抗震设防标准。本标准参照有关文献,根据重现期与地震设防烈度的关系,计算得到了对应于不同鉴定周期的抗震设防烈度,并给出相应的水平地震影响系数的最大值以及用于时程分析的加速度时程曲线的最大值。

历史建筑保护类别越高,加固难度往往越大。因此,本标准根据保护类别的不同,提出 10 年～30 年的鉴定周期:保护类别为一类时,鉴定周期取为 15 年;保护类别为二类时,鉴定周期取为20 年;保护类别为三类时,鉴定周期取为 25 年;保护类别为四类时,鉴定周期取为 30 年。

3.1.3 根据优秀历史建筑的实际特点,为达到平衡加固与保护的目的,守牢倒塌安全的底线原则,将抗震鉴定分为三级进行。

第一级对抗震措施进行鉴定,如第一级鉴定通过,则评定为满足抗震鉴定要求,不再进行后续鉴定。上海地区的多年工程实践表明,对于结构整体性较好、抗震措施完善的优秀历史建筑,其抗震性能基本能够满足要求。

如第一级鉴定不满足要求,则需根据不同的鉴定周期进行抗震承载力验算,即第二级鉴定。如第二级鉴定符合要求,则评定为满足抗震鉴定要求。如不满足,原则上应进行加固,但考虑到优秀历史建筑的保护要求,部分加固可能无法实现,此时应守牢倒塌安全的底线。为确保地震作用下结构不倒塌,应进行第三级鉴定。如第三级鉴定不满足,则应采取相应的专项技术措施。

保护类别为第三类和第四类的优秀历史建筑如不满足鉴定要求,且确实不具备加固条件,可缩短鉴定周期 5 年。

3.1.4 在鉴定周期内应进行定期检测,即常态化检测,及时发现结构性能退化的迹象。结构性能的退化迹象主要指因材料劣化、结构受灾等引起的承载能力或变形能力的下降。为确保在一个鉴定周期内至少有 2 次常态化检测,根据鉴定周期的不同,将常态化检测的周期定为 6 年～12 年。

3.1.5 优秀历史建筑的重点保护部位体现了其保护的价值,在进行抗震鉴定时,应对重点保护部位的损伤进行评估,并根据本标准给出鉴定结论。

3.2 抗震鉴定

3.2.1　本条与上海市工程建设规范《现有建筑抗震鉴定与加固标准》DGJ 08—81—2021 第3.1.1条基本一致。区别于一般建筑,对于优秀历史建筑,还应根据其特点,重点调查历史沿革、维修改造情况和重点保护部位。

3.2.2　本条给出了优秀历史建筑抗震鉴定的内容和步骤,其中,地基与基础分两级进行鉴定,主体结构分三级进行鉴定,场地和重点保护部位应根据本标准第9章的要求进行鉴定。

3.2.3　优秀历史建筑的第一级鉴定应以宏观判断和构造鉴定为主,保证结构的整体性和体系的完整性,确保结构不发生地震倒塌,在此基础上对相关构件的构造措施进行评价。通过第一级鉴定的优秀历史建筑,可认为满足抗震鉴定标准要求。

第一级鉴定应充分考虑优秀历史建筑的下列特点:

1　在结构体系上,优秀历史建筑包括混凝土结构、砌体结构、钢结构、木结构等各类形式,且大多以混合结构的形式出现。

2　在构造措施上,优秀历史建筑与现行规范的最低要求相去甚远,比如,砖混结构缺少必要的构造柱和圈梁;混凝土结构的节点区钢筋布置和锚固长度、构件钢筋最小直径和配筋率、箍筋最小间距等,往往都不能满足现行规范要求。

3　在材料性能方面,混凝土和砂浆强度偏低,砖风化、钢筋锈蚀、木材干缩等现象也较为普遍。

3.2.4、3.2.5　优秀历史建筑的第二级鉴定以抗震承载力验算为主,第三级鉴定则是守牢结构不发生地震倒塌的底线。

3.2.7~3.2.10　第二级鉴定中的抗震承载力验算应注意下列几个方面:

1　根据鉴定周期,对荷载标准值和地震作用进行折减,但地震作用分项系数、组合值系数和承载力抗震调整系数均按现行上海市工程建设规范《建筑抗震设计标准》DGJ 08—9 执行。

2 优秀历史建筑因其使用年代较久,存在一定损伤,结构构件的截面可能被削弱,因此,要对其刚度进行折减。

3 次要结构构件,如混凝土楼板,对框架梁柱抗震性能有一定幅度的提高;非结构构件,如框架填充墙,对整体结构抗侧能力有所帮助。因此,应尽可能发掘次要结构构件和非结构构件对结构抗震性能的贡献,减少加固量。

本标准第三级鉴定中的抗震变形验算主要通过强震下结构变形限值的规定保证结构抗地震倒塌的能力(对于砌体结构也可通过墙体平面外抗弯承载力验算,详见本标准第 6 章)。具体计算可以通过弹塑性时程分析,也可以根据本标准附录 A 中的地震倒塌过程分析方法执行。

3.3 抗震加固

3.3.1 优秀历史建筑结构体系具有复杂性和多样性,一般无法满足现行的抗震设计规范。因此,在对优秀历史建筑进行修缮加固时,应根据结构的实际情况,尽量提高其抗震性能,改善其抵抗地震灾害的能力。

3.3.2 为使优秀历史建筑的抗震设计与施工顺利开展,确保抗震加固工程质量,并符合优秀历史建筑的保护要求,除需要严格遵循现行建设程序进行加固工程外,尚应组织专家评审并落实意见。

3.3.3 优秀历史建筑的结构抗震加固应根据不同的保护类别选用适当的加固方法,在不破坏重点保护部位的前提下,实现结构加固处理。如对于一类~三类优秀历史建筑及四类优秀历史建筑的主要立面,当砌体结构外墙承载力不足时,不宜采用双面钢筋网水泥砂浆法加固,但可以采用单面钢筋网水泥砂浆加固;当框架结构边柱或角柱承载力不足时,不宜采用四周外包角钢法或粘贴碳纤维布箍法、绕丝法等方法,增大截面法加固也只能选用3面或2面增大。再如,对于四类保护要求的优秀历史建筑,结构体系允许改变,对于这类建筑的加固,可对抗侧刚度差的框架增设钢筋混凝土剪力墙或翼墙,将框架结构改造为框架-剪力墙结构。

对于原有主体承重结构变动较大的优秀历史建筑,主要针对第四类保护的优秀历史建筑,如进行较大的改建或扩建,甚至进行仅保留外立面、内部基本拆除重做的改造(俗称"热水瓶换胆"),应按现行上海市工程建设规范《建筑抗震设计标准》DGJ 08—9进行抗震分析及抗震加固设计。一般情况下(如仅进行装修和提升使用功能,且基本不变动原有主体承重结构的),可按现行上海市工程建设规范《现有建筑抗震鉴定与加固标准》DGJ 08—81中A类建筑的要求进行抗震加固设计。

3.3.4 本条引用了上海市工程建设规范《现有建筑抗震鉴定与加固标准》DGJ 08—81—2021第3.2.5条的部分内容。抗震加固结构可以按下列原则进行承载力验算:

1 结构计算简图应与抗震鉴定计算时所采用的简图一致,并符合加固后结构的实际受力情况,根据结构的实际荷载以及构件的支承情况、边界条件、传力途径等实际情况确定。

2 结构的验算截面积,应考虑结构的损伤、缺陷、腐蚀和钢筋的锈蚀等不利影响,按结构的有效截面积进行验算,并应考虑结构加固部分应变滞后情况,即新混凝土的应变值小于原构件的应变值。随着荷载的增加,二者的应变值差距将逐渐减小。因此,需要考虑加固部件与原构件协同工作的程度,对总的承载力应予以适当折减。

3 当结构重量的增加值大于结构竖向荷载总和的10%时,除应验算上部相关结构的承载力外,尚应对建筑物的地基基础进行验算。

3.3.6 本条参考了现行上海市工程建设规范《现有建筑抗震鉴

定与加固标准》DGJ 08—81。抗震鉴定往往受到现场条件限制而无法对原结构进行彻底、全面的调查和检测,原结构某些隐蔽部位的缺陷容易被疏漏。在现场加固施工过程中,若发现这些缺陷,必须会同加固设计部门进行处理后,方可后续施工。

3.3.7 本条参考了现行上海市工程建设规范《现有建筑抗震鉴定与加固标准》DGJ 08—81。加固施工前的临时性局部拆除,或加固施工过程中某些不可避免的对原结构构件(包括基础)产生的临时性损伤或振动等,都会引起原结构的不良反应,必须预先进行认真分析和准备。若存在可能引起原结构倾斜、失稳、开裂或倒塌等安全隐患,则在加固施工前必须预先采取安全措施。

3.3.8~3.3.10 各种加固方法和材料使用寿命不同,结构加固时应尽量采用相对耐久的方法,如对混凝土结构采用增设抗震墙加固法、钢筋混凝土套加固法、增设支撑加固法等;对砌体结构采用增设抗震墙加固法、外加圈梁和钢筋混凝土柱加固法、钢筋网水泥砂浆面层加固法、外加钢筋混凝土面层加固法、增设钢托架加固法等。加固所用材料尽量选用无机类材料,少用有机类材料。采用基础隔震和消能减震加固方法,也应考虑其使用寿命和更换的便捷性。对使用化学胶粘方法或掺有聚合物加固的结构构件,应避免室外环境影响,并应定期检查其工作状态。

3.3.11 优秀历史建筑经抗震鉴定和抗震加固符合本标准要求后,不得随意改变其使用用途和使用环境。如需改变,必须经原鉴定或设计单位认可,或重新进行抗震鉴定,并同时满足优秀历史建筑的保护要求。

4 场地、地基与基础

4.1 一般规定

4.1.1~4.1.3 此几条给出了优秀历史建筑场地、地基与基础的抗震鉴定内容及方法。

4.1.4 由于地基和基础为隐蔽工程,难以直接观察其损坏情况。但上部建筑物的沉降观测资料和结构开裂损坏情况可相当程度上反映建筑物基础的工作状态。所以,一般情况下可不采用开挖方法进行鉴定。但如果鉴定需要且现场条件许可,也不排除采用现场开挖进行观测和载荷试验等方法。

4.1.5 本条列举了地基不均匀沉降引起的上部结构开裂受损的一些情况,可作为间接判别建筑物基础的工作现状的参考。

4.1.6 建筑物结构刚度好,沉降变形稳定,地基与基础能有效共同承载时,天然地基承载力设计值可比原设计值有所提高,这既是基于上海地区多年的研究和实践成果,也是挖掘地基潜能、适应优秀历史建筑提升使用功能的需要。

4.1.7~4.1.9 当优秀历史建筑存在较大的不均匀沉降或严重倾斜时,应首先采取有效措施进行处理,保证结构安全。因上部结构加固导致地基荷载大幅度增加时,应验算地基的变形和承载力,并根据验算结果采取必要的措施。

在对优秀历史建筑的地基和基础加固时,地基变形和施工扰动可能会对结构或重点保护部位造成影响,在施工过程中应做好对整体结构安全性的实时监测。

4.2 抗震鉴定

4.2.1 本条的第1款和第2款,主要参考现行上海市工程建设规范《现有建筑抗震鉴定与加固标准》DGJ 08—81无严重静载缺陷的要求。第3款参考了上海市工程建设规范《优秀历史建筑保护修缮技术规程》DG/TJ 08—108—2014第5.6.7条的规定。

4.2.2 本条参考了上海市工程建设规范《现有建筑抗震鉴定与加固标准》DGJ 08—81—2021第4.4.1条不进行抗震承载力验算的条件。考虑到部分优秀历史建筑采用木桩作为桩基,故对第3款进行了调整。

4.2.3 本条参考了上海市工程建设规范《现有建筑抗震鉴定与加固标准》DGJ 08—81—2021第4.2.2条有严重静载缺陷的要求,并结合优秀历史建筑的特点,提出了其变形和裂缝等控制要求。

4.2.4 本条提出了优秀历史建筑地基与基础的第二级鉴定的方法和要求。

4.3 地基与基础的加固

4.3.1~4.3.4 此几条主要参考了上海市工程建设规范《现有建筑抗震鉴定与加固标准》DGJ 08—81—2021中第15.2.1条~第15.2.4条的相关要求。

5 混凝土结构

5.1 一般规定

5.1.1 钢筋混凝土结构优秀历史建筑主要由混凝土梁、板、柱、墙共同承重,也包括砌体填充墙、密肋楼盖的填充砖等非结构构件,以及局部钢梁、砖墙承重的次要结构构件。

5.1.2 本条与上海市工程建设规范《现有建筑抗震鉴定与加固标准》DGJ 08—81—2021 第 6.1.2 条基本一致。震害调查表明,7 度时主体结构基本完好,以女儿墙、填充墙的损坏为主。同时,吸取汶川地震教训,强调了楼梯间的填充墙。另外,根据优秀历史建筑的特点,将重点保护部位与主体结构的连接也视为主要薄弱环节,作为检查重点。

5.1.3 本条与上海市工程建设规范《现有建筑抗震鉴定与加固标准》DGJ 08—81—2021 第 6.1.4 条的内容基本一致,明确规定了鉴定的项目。钢筋混凝土结构的抗震鉴定应根据结构体系合理性、梁柱等构件自身的构造和连接的整体性、填充墙等局部连接构造等方面和构件承载力等综合评定。

5.1.4 混凝土构件开裂后,刚度发生退化,在对结构进行验算分析时应充分考虑该影响。

5.1.5 当砌体结构与混凝土结构相连或相互依托时,由于两种不同结构形式的受力性能存在区别,结构刚度也不同,承担的地震作用与单一结构形式不同,二者由于侧移的协调而在连接部位形成附加内力,在对优秀历史建筑进行抗震鉴定时应考虑其相互影响。

5.1.6 当存在部分混凝土墙承重时,由于混凝土墙具有较大的抗侧刚度,在进行抗震鉴定时应考虑其地震作用及效应的影响,并对其抗震能力进行验算。

5.1.8 混凝土结构优秀历史建筑在进行抗震加固时,应在满足保护要求的前提下,结合实际情况,选择合适的加固方案。通过加固提供结构的抗震承载力和变形能力。

混凝土结构优秀历史建筑加固时,体系选择和综合抗震能力验算是基本要求,注意下列几点:

1 要从提高结构的整体抗震能力出发,防止因加固不当而形成楼层刚度、承载力分布不均匀或形成短柱、短梁、强梁弱柱等新的薄弱环节。

2 在加固的总体决策上,应从结构的实际情况出发,侧重于提高承载力,或提高变形能力,或二者兼有;必要时,也可采用增设墙体、改变结构体系的集中加固,而不必对每根梁柱普遍加固。

3 加固结构体系的确定应符合抗震鉴定结论所提出的方案。当改变原框架结构体系时,应注意计算模型是否符合实际,应明确整体影响系数和局部影响系数的取值方法。

5.1.9 混凝土结构优秀历史建筑加固后的抗震验算,当采用现行上海市工程建设规范《建筑抗震设计标准》DGJ 08—9 的方法时,地震作用的分项系数按规范的规定取值,混凝土结构的地震内力调整系数、构件承载力需按本标准第 5 章的规定计算,并计入构造的影响。加固后,构件的抗震承载力需考虑新增构件应变滞后和新旧构件协同工作程度的影响。

5.2 抗震鉴定

5.2.1 混凝土结构优秀历史建筑结构体系的鉴定应从宏观上保证结构的整体性,确保结构不出现抗震薄弱环节。具体鉴定内容包括:结构布置合理性、节点连接可靠性、结构为双向抗侧力体系,以及楼板的整体性等。

5.2.2 根据优秀历史建筑的特点,对其外观质量进行了规定。在计算构件承载能力时,应考虑混凝土裂缝和钢筋锈蚀的影响。

5.2.3,5.2.4 混凝土结构优秀历史建筑的配筋构造与现行规范存在明显差别,根据实际工程经验,对其配筋的构造要求进行了规定。对钢筋锈蚀率的规定依据是同济大学的研究成果,箍筋不应出现锈断,主筋锈蚀率不应超过屈服平台丧失的临界值。

5.2.5 混凝土结构优秀历史建筑抗震鉴定时,可考虑填充墙的抗侧力作用,但对填充墙的自身强度及其与框架的连接性能有一定的要求。另外,为保证地震作用下填充墙和隔墙不出现较大破坏,应保证其与两端的墙柱有可靠连接。

5.2.6 本条关于优秀历史建筑第二级鉴定的承载力验算方法与现行上海市工程建设规范《现有建筑抗震鉴定与加固标准》DGJ 08—81保持一致。

5.2.7,5.2.8 混凝土结构优秀历史建筑构造影响系数的取值要根据下列具体情况确定:

1 体系影响系数与结构整体性有关。

2 当部分构造符合本节要求而部分构造符合非抗震设计要求时,取0.8~1.0。

3 当不符合的程度大或有若干项不符合时,取较小值。

4 结构损伤包括因建造年代甚早、混凝土碳化而造成的钢筋锈蚀;损伤和倾斜的修复,通常宜考虑新旧部分不能完全共同发挥效果而取小于1.0的影响系数。

5 局部影响系数只考虑有关的平面框架,即与承重砌体结构相连的平面框架、有填充墙的平面框架或楼、屋盖长宽比超过规定时其中的部分平面框架。

5.2.9 钢筋锈蚀会导致其材料性能发生退化,在历史建筑中出现钢筋锈蚀的情况比较常见,在进行抗震鉴定时应考虑到这一因素。

5.2.10 历次震害调查结果表明,混凝土结构中的次要构件和非结构构件对整体结构的抗震性能有明显的影响,这种影响可能是有利的,也可能是不利的,在对混凝土结构优秀历史建筑进行抗震鉴定时,宜根据实际情况考虑非主体结构构件的影响。

1 混凝土结构优秀历史建筑中,混凝土墙比较多见,多数位于楼梯间,设计时一般不作为承重构件,仅起防火隔离作用。也有一些混凝土墙位于外墙等位置,起竖向承重作用。混凝土墙的刚度较大,当布置不规则时,可能引起结构的刚心偏置,进而引起较大的扭转;当布置较规则时,对结构抗震有利。因此,在结构分析时,应考虑混凝土墙刚度的作用。同时,当混凝土墙较少时,承载力验算可按考虑混凝土墙和不考虑混凝土墙两种结果取包络进行鉴定。

2 黏土砖填充墙的抗侧刚度较大,对结构整体抗震性能有明显的影响,填充墙布置基本规则均匀且与主体结构有可靠连接时,可考虑其有利作用。根据工程经验,混凝土结构优秀历史建筑中的填充墙与主体结构基本无可靠连接,如考虑其有利作用,则应采取必要的连接加强措施,如在交接处粘贴碳纤维布等。在整体结构验算模型中考虑填充墙的作用时,可采用等效斜撑法按下列规定进行验算:

(1)计算各框架区格内的填充墙初始刚度,并将楼层根据结构总高度分为上部、中部和下部三个区段,将下部和中部区段的填充墙刚度分别乘以 0.2 和 0.6 的折减系数,上部区段刚度不折减。

(2)将各框架区格内的填充墙刚度等效为斜撑刚度。

(3)在框架模型中,有填充墙的位置输入交叉斜撑,其刚度取上述折减后等效斜撑刚度的 0.5 倍。

(4)用框架-斜撑模型进行结构分析,周期不再折减。

3 混凝土结构优秀历史建筑中,梁端负弯矩配筋一般少于跨中配筋,容易得出负弯矩配筋不满足要求进而需要加固的结论。试验结果表明,当现浇楼板连接构造满足要求时,现浇楼板中的钢筋可以大幅提升梁端截面的负弯矩承载力。如对梁端截面进行大量加固，将造成梁端抗弯承载力更高，反而对实现"强柱弱梁"不利。因此，当计算的梁端负弯矩配筋不足时，可考虑有效翼缘宽度范围内楼板截面及钢筋的作用，以减少对梁不必要的加固。根据研究结果，梁端截面有效翼缘宽度可按表 1 取值。

表 1　梁端截面有效翼缘宽度取值

节点类型		
中节点	边节点	角节点
$\min[b+3h,\ b+12h_f,\ s]$	$\min[b+1.5h,\ b+6h_f,\ 0.5s]$	不考虑

注：b 为梁截面宽度；h 为梁截面高度；h_f 为翼缘厚度（板厚）；s 为肋梁间距。

5.2.11、5.2.12　混凝土结构优秀历史建筑的第三级鉴定主要进行抗倒塌评估。在进行分析时，应考虑钢筋锈蚀的影响。罕遇地震作用下的结构最大层间位移角应满足现行抗震设计规范的要求。

5.3　抗震加固

5.3.1　本条列举了结构体系和抗震承载力不满足要求时可供选择的有效加固方法。在加固之前，应尽可能卸除加固构件相关部位的全部活荷载。

当优秀历史建筑属于单向框架时，需通过节点加固成为双向框架；考虑到节点加固的难度较大，且往往存在保护的要求，也可采取加强楼、屋盖整体性且同时增设抗震墙和消能支撑等抗侧力构件。

从优秀历史建筑保护要求的角度出发，对其构件进行加固应尽可能做到可逆，采用粘贴碳纤维布、增设套箍、粘贴钢板等方式具有较好的可逆性，有利于历史建筑的保护。

钢绞线网-聚合物砂浆面层是近年来出现的一种新型环保、

耐久性较好的加固方法,对提高构件的承载力和刚度都有贡献。

增设抗震墙或翼墙是提高框架结构抗震能力及减少扭转效应的有效方法。

消能支撑加固通过增设消能支撑吸收部分地震能量,从而减小整个结构的地震响应。

增设抗震墙会较大地增加结构自重,要考虑基础承载的可能性。

增设翼墙适合于大跨度结构,以避免梁的跨度减少后破坏梁剪切。

5.3.2 本条给出了填充墙与框架梁柱连接不满足要求时的加固方法。采用粘贴碳纤维布加固具有较好的增强连接作用,且具有较好的可逆性,比较适合在历史建筑的加固中应用。

5.3.3 由于历史建筑的保护要求,针对女儿墙和烟囱等易倒塌部位的加固,采用传统的加固方法难以达到兼顾保护的要求,可采用在内部增设支撑的加固方法以满足可逆性要求。

6 砌体结构

6.1 一般规定

6.1.1 砌体结构优秀历史建筑包括横墙承重、纵墙承重、纵横墙承重、内框架和底层框架-抗震墙结构等受力体系,其中,混凝土、木楼盖和墙、柱等共同受力,构成空间结构体系。

6.1.2 与现行上海市工程建设规范《现有建筑抗震鉴定与加固标准》DGJ 08—81 的要求基本一致,关注历史建筑中墙体损伤及结构的整体性,以纵横墙连接构造、楼、屋盖与墙体的连接作为检查重点,确保结构空间协同工作。另外,根据历史建筑的特点,将圈梁、构造柱的设置也作为检查内容。

6.1.4 本条确定了砌体结构加固原则,要求优先提升结构整体性,需要确保新增构件与既有构件的连接可靠,充分考虑加固引起的刚度变化。

6.2 抗震鉴定

6.2.1~6.2.7 这几条与上海市工程建设规范《现有建筑抗震鉴定与加固标准》DGJ 08—81—2021 第 5.2 节 A 类砌体结构抗震鉴定基本一致。考虑到上海地区历史保护建筑现状,本标准适当降低了普通砖实心砖墙结构总层数。进一步明确了第一级鉴定对两个方向抗震墙最大间距的要求。此外,相关研究表明,出屋面的楼、电梯间和水箱间等小房间门窗洞(口)面积超过墙体面积25%时,存在较大倒塌风险,因此,第 6.2.7 条加以限制。

6.2.8 本条与上海市工程建设规范《现有建筑抗震鉴定与加固

标准》DGJ 08—81—2021 第 5.2 节 A 类砌体结构抗震承载力简化验算方法基本一致。

6.2.10 当第一级鉴定不满足要求时，按照现行上海市工程建设规范《现有建筑抗震鉴定与加固标准》DGJ 08—81，应逐段验算砖墙平面内抗震承载力。如果砖墙或底层混凝土构件承载力不足，应对其进行抗震加固。

6.2.11 已有振动台试验研究表明，砌体结构倒塌均表现为山墙或窗间墙平面外倒塌，而目前相关的变形计算方法较复杂。为便于工程应用，本标准建议采用墙体平面外抗弯承载力评估砌体结构抗地震倒塌能力；当有成熟经验时，也可采用弹塑性变形验算或倒塌过程分析。

6.2.12 未设置构造柱和圈梁时，为确保顶层山墙等部位承重墙不倒塌，对砖墙平面外抗弯承载力提出验算要求。

6.2.13 为确保大开间房屋窗间墙不倒塌，对窗上水平条带砖墙平面外抗弯承载力提出验算要求。

6.3 抗震加固

6.3.1 本条针对砌体抗震鉴定发现的问题，给出了处理方案的优选顺序。

6.3.2 为了提高结构整体性，与上海市工程建设规范《现有建筑抗震鉴定与加固标准》DGJ 08—81—2021 第 16.2.2 条基本一致，本条给出了结构不同部位和节点的加固方法。

6.3.3 为了减少或避免构件倒塌，与上海市工程建设规范《现有建筑抗震鉴定与加固标准》DGJ 08—81—2021 第 16.2.3 条基本一致，本条给出了不同构件及节点的加固方法。

6.3.4 当墙体抗震承载力无法满足鉴定要求时，本条给出了不同的加固方法，具体要求及加固后的承载力可按现行国家标准《砌体结构加固设计规范》GB 50702 确定。

6.3.5 为了减少或避免结构扭转,与上海市工程建设规范《现有建筑抗震鉴定与加固标准》DGJ 08—81—2021 第 16.2.4 条基本一致,本条给出调整处理方案。

7 钢结构

7.1 一般规定

7.1.1 本章对于 10 层以下的规定是基于上海地区钢结构优秀历史建筑的基本情况而定的。

7.2 抗震鉴定

7.2.1 本标准参考现行国家标准《高耸与复杂钢结构检测与鉴定标准》GB 51008 的相关条文,在本条补充了对于钢结构优秀历史建筑相关的体系和构件破损对结构抗震性能影响的鉴定要求。如不满足相关要求,则需在第二级鉴定中开展钢结构历史建筑抗震承载力验算。

7.2.2 钢结构优秀历史建筑变形控制参考现行国家标准《高耸与复杂钢结构检测与鉴定标准》GB 51008 的相关条文要求。

7.2.6 钢结构优秀历史建筑抗震鉴定的重点是针对地震作用下结构的安全性,因而需要考虑结构受力体系的性能,且由于钢结构优秀历史建筑施工技术的发展,建议根据工艺对结构的计算模型进行相应的简化。研究表明,钢结构优秀历史建筑的柱外包柱、填充墙抗侧性能对于结构抗震具有显著影响。本标准附录 B 给出了同济大学基于相关研究成果提出的计算方法。

7.2.7 罕遇地震下钢结构优秀历史建筑的倒塌极限变形的研究成果较少。为此,现阶段本标准采用现行国家标准《建筑抗震设计规范》GB 50011 的相关限值。

7.3 抗震加固

7.3.1 本条给出了钢结构优秀历史建筑的结构体系和抗震承载力不满足要求时常用的加固方法。

7.3.2 本条给出了钢结构加固施工需要拆除构件或卸荷的常用措施。

7.3.3 本条对钢结构优秀历史建筑加固应采用的工艺作出了说明。

8 木结构

8.1 一般规定

8.1.1 本章对于 3 层以下的规定是基于上海地区木结构优秀历史建筑的基本情况而定的。

8.1.5 本条主要针对地震后的火灾次生灾害。

8.2 抗震鉴定

8.2.1 本条参考了现行国家标准《古建筑木结构维护与加固技术标准》GB/T 50165 的相关条文。

8.2.2~8.2.7 规定了木结构构件腐朽、开裂、脱离、挠度等问题对结构抗震性能的影响及其鉴定要求。

8.2.8 现行国家标准《建筑抗震设计规范》GB 50011 给出的结构总水平地震作用标准值的计算式,虽然对各种材料的结构作了统一的考虑,但不包括木结构。因此,需按古建筑木构架的特性加以修正。本标准参考现行国家标准《古建筑木结构维护与加固技术标准》GB/T 50165,采用系数 0.72 修正结构总水平地震作用标准值。

8.2.11 研究表明,木结构历史建筑的梁柱榫卯节点抗弯性能、斗拱抗侧性能对于结构抗震具有显著影响,而梁柱榫卯节点性能受拔榫影响较大,因此,建议在相关成果支持下考虑这部分影响。

8.2.12 实践表明,木结构历史建筑抗震鉴定的重点是针对水平地震下结构的安全性,因此,需要考虑结构水平受力体系的性能,且由于木结构历史建筑结构地震位移响应较大而内力值较小,因

— 77 —

而建议根据结构变形验算。相关模型振动台试验表明,古建筑木结构层间位移角可达到 1/25 而不倒塌,因此,本标准保守地取木构架的最大层间位移角限值为 1/30。

8.3 抗震加固

8.3.1~8.3.10 各加固方法的具体设计计算可参考现行国家标准《木结构设计标准》GB 50005 和现行行业标准《建筑抗震加固技术规程》JGJ 116 的相关规定。

9 重点保护部位

9.0.1~9.0.5 优秀历史建筑应专门对其重点保护部位进行抗震鉴定。重点保护部位应由检测单位现场勘察,并根据优秀历史建筑保护行政管理部门出具的重点保护范围、内容和重点保护要求进行鉴定。